HANS RÜTHER UND GERHARD SPECHT

FELDVERSUCHE IN DER LANDWIRTSCHAFTLICHEN PRAXIS

FELDVERSUCHE
IN DER LANDWIRTSCHAFTLICHEN PRAXIS

von

Dr. habil. HANS RÜTHER

Direktor des Instituts für Landwirtschaftliches Versuchs- und Untersuchungswesen

Halle-Lauchstädt

und

Dr. GERHARD SPECHT

Leiter der Abteilung A, Landwirtschaftliches Versuchswesen

des Instituts für Landwirtschaftliches Versuchs- und Untersuchungswesen Potsdam

AKADEMIE-VERLAG · BERLIN

1956

Erschienen im Akademie-Verlag GmbH., Berlin W 8, Mohrenstraße 39
Lizenz Nr. 202 · 100/353/56
Gesamtherstellung: VEB Druckerei „Thomas Müntzer" Bad Langensalza
Bestell- und Verlagsnummer: 5225
Printed in Germany

„Durch ein blühendes Versuchswesen

zu einer blühenden Landwirtschaft“

ROEMER

INHALT

I. Entwicklung und Bedeutung des landwirtschaftlichen Feldversuchswesens 9

II. Voraussetzungen für die Versuchsdurchführung 12
1. Auswahl der Versuchsansteller 12
2. Auswahl geeigneter Versuchsflächen 13
3. Entnahme von Bodenproben 15
a) Probenahme auf dem Ackerland 15
b) Probenahme auf Wiesen und Weiden 15
4. Bearbeitung und Düngung der Versuchsflächen 16

III. Anlage von Versuchen 16
1. Technische Grundlagen 18
a) Grundbegriffe 18
b) Größe und Form der Teilstücke 18
c) Zahl und Form der Wiederholungen 20
d) Nachbar- und Randwirkungen 20
e) Kennzeichnung der Teilstücke und Beschilderung der Versuche ... 21
2. Verschiedene Anlagemethoden 21
a) Reihenanordnung nach MITSCHERLICH und nach LINDHARD 22
b) Blockanlage 24
c) Lateinisches Quadrat 26
d) Lateinisches Rechteck 27
e) Kontrollierter Anbauvergleich 27
3. Vermessen und Einteilen der Versuchsflächen 29

IV. Aussaat 31
1. Saatgutuntersuchungen 31
2. Abdrehen der Drillmaschine, Errechnung der Sollfallmengen 33
3. Praktische Durchführung der Aussaat 34

V. Arbeiten während der Vegetation 35
1. Saatenpflege und Düngung 35
2. Die wichtigsten Vegetationsbeobachtungen 36

VI. Ernte 37
a) Getreideversuche 38
b) Ölfrucht- und Leguminosenversuche 40
c) Futterbauversuche 40
d) Kartoffelversuche 40
e) Rübenversuche 41

VII. Festhalten der Beobachtungen und Ertragsfeststellungen.... 42
1. Versuchslegende.... 42
2. Bonitierungen und Ertragsfeststellungen.... 45
a) Getreide.... 45
b) Mais.... 46
c) Ölfrüchte (Raps, Mohn, Lein).... 46
d) Hülsenfrüchte.... 46
e) Grünfutterpflanzen und -gemenge.... 46
f) Wiese, Klee, Gräser.... 47
g) Kartoffeln.... 47
h) Rüben.... 47

VIII. Beurteilung von Feldversuchen.... 48
1. Allgemeine Beurteilung.... 48
2. Beurteilungsmaßstäbe.... 48
3. Errechnung der Grenzdifferenz.... 49
4. Bildung von Ertragsklassen.... 50

IX. Verrechnung von Feldversuchen.... 50
1. Grundsätzliches zur Versuchsverrechnung.... 50
2. Verrechnung von Blockanlagen.... 51
3. Verrechnung von Lateinischen Quadraten.... 57
4. Verrechnung von Lateinischen Rechtecken.... 59
5. Verrechnung von Anlagen nach LINDHARD.... 61
6. Verrechnung von kontrollierten Anbauvergleichen.... 64

X. Auswertung von Versuchsergebnissen.... 66

Anhang.... 69
a) Quadrate der Zahlen von 0 bis 1000 und Quadratwurzeln der Zahlen von 0 bis 100.... 70
b) *P*-Werte in %.... 74
c) *t*-Werte für $P = 5\%$, 1% und $0{,}1\%$.... 75

Literaturverzeichnis.... 76

I. ENTWICKLUNG UND BEDEUTUNG DES LANDWIRTSCHAFTLICHEN FELDVERSUCHSWESENS

In dem Bestreben, die Produktion der landwirtschaftlichen Betriebe zu steigern und die Qualität der landwirtschaftlichen Erzeugnisse zu verbessern, hat das landwirtschaftliche Versuchswesen bereits in der zweiten Hälfte des vorigen Jahrhunderts und vor dem ersten Weltkrieg eine nicht zu unterschätzende Rolle gespielt. Die Durchführung von Feldversuchen war damals fast ausschließlich Angelegenheit der landwirtschaftlichen Praxis, welche die in Vegetationsversuchen gewonnenen Ergebnisse der wissenschaftlichen Forschung auf ihre Betriebe übertrug und somit das Risiko und die Kosten der Versuchsanstellung zu tragen hatte. Aber auch die landwirtschaftlichen Versuchsstationen führten bereits in der zweiten Hälfte des vorigen Jahrhunderts eine große Anzahl von Versuchen und Arbeiten durch, die einerseits der Klärung von wissenschaftlichen Fragen, andererseits aber direkt der landwirtschaftlichen Praxis dienen sollten; somit übernahmen die landwirtschaftlichen Versuchsstationen für fast ein halbes Jahrhundert die Führung auf dem Gebiete der landwirtschaftlichen Forschung. Diese Versuchsstationen verfügten zunächst über kleine Flächen, die, meistens unmittelbar an den Gebäuden liegend, nur für einen bescheidenen Umfang der Feldversuche genügten.

Erst durch die Errichtung der Landwirtschaftskammern in den 90er Jahren kamen die Versuchsstationen in den Besitz von Geldmitteln, um größere Versuchsfelder anzulegen, die vielfach in besonderen Versuchswirtschaften unterhalten wurden. Mit der Gründung staatlicher Versuchswirtschaften, deren erste beispielsweise durch Professor MAERCKER im Jahre 1895 in Lauchstädt entstand, wurde in der weiteren Entwicklung die mehrjährige exakte Durchführung von Feldversuchen gesichert. Neben den Universitäten gingen später auch die Landwirtschaftskammern dazu über, Versuchswirtschaften einzurichten und Feldversuche, die aber nur den Charakter einer Vorprüfung hatten, durchzuführen. Von dort wurden die Versuchsprobleme in die landwirtschaftliche Praxis übertragen. Wie MAERCKER selbst schrieb, „galt es als eine Ehre, zu den Feldversuchen herangezogen zu werden, weil hierzu nur die in bestem Ruf stehenden Wirtschaften zu gebrauchen sind". Die praktischen Versuchsansteller waren also nur Landwirtschaftsbetriebe, die auch mitunter Fehlschläge in Kauf nehmen mußten.

Im wesentlichen handelte es sich um die Durchführung von:

1. Düngungsversuchen
2. Sortenversuchen
3. Fütterungsversuchen

In der Versuchswirtschaft Lauchstädt war z. B. das Stallmistproblem — damals Gegenstand eines lebhaften Meinungsstreites zwischen den Agrarwissenschaftlern Julius Kühn und Paul Wagner — der Anlaß zur Anlage eines Großversuches, der als sogenannter „Statischer Versuch" auch heute noch fortgesetzt wird und somit auf ein 54jähriges Bestehen zurückblicken kann.

Das Interesse für die mineralische Düngung wuchs in der Praxis immer mehr; daher führten die landwirtschaftlichen Versuchsstationen in steigendem Maße auf einer Reihe von Gütern ihres Bezirkes Düngungsversuche durch. Diese sogenannten „Provinzversuche" dienten vorwiegend praktischen Zwecken, da sie der betreffenden Wirtschaft und solchen mit ähnlichen natürlichen Verhältnissen wertvolle Hinweise gaben.

Etwa ab 1900 machte sich die Tätigkeit der Deutschen Landwirtschaftsgesellschaft durch ihre Abteilungen „Düngungswesen" bemerkbar und ebenso die der inzwischen entstandenen Ackerbauabteilungen der einzelnen Landwirtschaftskammern. Daneben führten dann etwa um 1918 die Außenstellen der Düngersyndikate, die gleichzeitig Beratungsstellen unterhielten, vorwiegend Düngungsversuche durch.

In der Folgezeit wurden auch weitere Versuchswirtschaften der Universitäten, des Staates und der Landwirtschaftskammern ins Leben gerufen.

Die genannten Einrichtungen gaben zwar die Gewähr dafür, daß mit den Feldversuchen die praktische Bestätigung von wissenschaftlichen Erkenntnissen gefunden wurde und somit auch die großen Richtlinien der Anwendung festgelegt werden konnten, aber es kam jetzt darauf an, die feineren Abstufungen für die engeren Anbaugebiete und Einzelbetriebe zu finden.

Dies hat dann die Veranlassung zu einer besonderen Organisation des Versuchswesens gegeben, wie sie in den Versuchsringen, deren erster 1921 entstand, durch Roemer verwirklicht wurde. Für die anzustellenden Versuche wurde die Fragestellung von den Betrieben selbst gegeben und auf deren Bedürfnisse zugeschnitten.

War das Feldversuchswesen bis zu den 20er Jahren fast ausschließlich unter dem Gesichtswinkel des Düngungsversuchs behandelt worden, so kamen durch die Erfolge der Pflanzenzüchtung nunmehr auch Sorten- und anbautechnische Versuche hinzu. Die Vielfältigkeit der Versuchsarten hatte zwangsläufig auch eine andere Richtung der Versuchsmethodik zur Folge. Man ging von den Großparzellen ohne Wiederholungen zu den mehrfach wiederholten Kleinparzellen über.

Dieser Aufwärtsentwicklung setzte die Zeit von 1933 bis zum zweiten Weltkrieg ein jähes Ende. Die Versuchsringe, deren Zahl bis dahin auf etwa 400 angestiegen war, wurden zerschlagen. Nach dem Kriege erhielt die landwirtschaftliche Forschungstätigkeit und damit auch das Feldversuchswesen einen gewaltigen Auftrieb durch die starke Unterstützung von seiten der Regierung. Bisher in dieser Höhe noch nie gekannte finanzielle Mittel wurden den bestehenden wissenschaftlichen Institutionen zugeleitet und eine große Zahl neuer Forschungsstätten ins Leben gerufen. Die Krönung dieser einmaligen Entwicklung stellt zweifellos die am 11. Januar 1951 gegründete Deutsche Akademie der Landwirtschaftswissenschaften dar.

Die auf den Versuchsfeldern der alten und neuen Institute erzielten Ergebnisse besitzen aber immer nur für ähnliche Klima- und Bodenverhältnisse Geltung, so daß es notwendig wurde, die Prüfung der verschiedenen Probleme auch unter anderen Standortverhältnissen durchzuführen. Durch die Organisation des Versuchswesens in der Praxis werden diejenigen Versuche, die für die Steigerung der pflanzlichen Produktion von besonderer Bedeutung sind, in geeigneten praktischen Betrieben, insbesondere in Volkseigenen Gütern und Landwirtschaftlichen Produktionsgenossenschaften durchgeführt.

Die Anlage, Durchführung und Auswertung dieser Versuche wird von erfahrenen Versuchsleitern und -technikern, die den landwirtschaftlichen Instituten unmittelbar unterstehen, überwacht oder selbst vorgenommen. Damit ist die Gewähr gegeben, daß nur wichtige, die Praxis unmittelbar interessierende Versuche, die vorwiegend anbautechnische Probleme, ferner Fragen der zweckmäßigen Düngung, Bodenbearbeitung, des Sortenwesens und der Arbeitserleichterung behandeln, zur Durchführung kommen.

Die Popularisierung der Versuchsergebnisse wird weitgehend durch die enge Zusammenarbeit der Versuchsleiter mit den Agronomen der Maschinen-Traktoren-Stationen unterstützt, welche entweder die maschinelle Bearbeitung des Versuchsfeldes überwachen oder dem Versuchsleiter mit ihren örtlichen Erfahrungen zur Seite stehen. Soweit im Beratungsbereich des Versuchsfeldes ein „Klub junger Agronomen“ besteht, wird dieser zur Mithilfe bei Anlage, Düngung, Pflege und Ernte herangezogen, um bereits bei der Jugend das Interesse an den biologischen Vorgängen zu wecken und ihr den Sinn und Zweck der Versuchsanstellung zu erklären.

Der Hauptwert dieser Versuche liegt darin, daß die Versuchsansteller das Beispielsfeld dauernd vor Augen haben und die Entwicklung der einzelnen Versuchsvarianten während der ganzen Wachstumszeit verfolgen können. Der nächste Schritt ist dann die Übertragung der hieraus gezogenen Lehren und Erkenntnisse auf den Gesamtbetrieb.

Besondere Bedeutung besitzt die Arbeit der Institute für die Planungsstellen der Deutschen Demokratischen Republik. Schon innerhalb der einzelnen Kreise ist es wichtig zu wissen, welche Sorten sich hinsichtlich Ertragshöhe, Ertragstreue, Dürreresistenz, Widerstandsfähigkeit gegen Krankheiten usw. in den Versuchen am besten bewährt haben. Namentlich die Kreisstellen der Deutschen Saatgut-Handelszentrale werden ihren Saatgutbedarf nach diesen Ergebnissen planen. In den Planungsabteilungen beim Rat des Bezirkes bilden die Versuchsberichte eine brauchbare Unterlage für die sorgfältige, den klimatischen Eigenheiten der einzelnen Kreise angepaßte Planung der verschiedenen Kulturen. Nach dem Studium der Versuchsberichte dürfte es nicht möglich sein, daß landwirtschaftliche Kulturen, die auf Grund ihrer speziellen Ansprüche an Klima und Boden nur in bestimmten Herkunftsgebieten anbauwürdig sind, schematisch auf die Kreise ausgeplant werden. In der Hand eines verantwortungsbewußten Planers müssen deshalb die Versuchsberichte der Institute ein unentbehrliches Hilfsmittel für seine Arbeit darstellen.

Das hier geschilderte landwirtschaftliche Versuchswesen wird für das gesamte Gebiet der Deutschen Demokratischen Republik von den 5 Instituten für Landwirtschaftliches Versuchs- und Untersuchungswesen getragen, und zwar in

Rostock für die Bezirke Rostock, Schwerin, Neubrandenburg,
Potsdam für die Bezirke Potsdam, Frankfurt und Cottbus,
Halle-Lauchstädt
für die Bezirke Halle und Magdeburg,
Leipzig für die Bezirke Dresden, Leipzig, Karl-Marx-Stadt,
Jena für die Bezirke Erfurt, Gera, Suhl

II. VORAUSSETZUNGEN FÜR DIE VERSUCHSDURCHFÜHRUNG

1. Auswahl der Versuchsansteller

Wichtigkeit der Feldversuche

Roemers Wort: „Jeder Fortschritt auf dem Gebiete des Acker- und Pflanzenbaues ist auf Erfahrungen oder Versuchen aufgebaut" muß bei der heutigen Situation in der Landwirtschaft wohl zu der schärfer formulierten Forderung umgewandelt werden: Nur durch die Durchführung von Versuchen auf breitester Basis ist ein Fortschritt im Acker- und Pflanzenbau überhaupt erst möglich. — Es liegt in der Natur der Sache, daß, um zum Wohle der gesamten Volkswirtschaft beizutragen, auf dem Gebiete der Landwirtschaftswissenschaften sehr viel Versuchsarbeit zu leisten ist, denn in der Landwirtschaft können in der Regel keine allgemeingültigen Methoden propagiert werden. Boden und Witterung sind ausschlaggebende Faktoren, und so ist überall mit etwas anders gearteten Komponenten zu rechnen. Andererseits stellen diese Nachteile wiederum die spezifischen Eigenarten dar, die den Beruf des Landwirtes so vielseitig und damit interessant werden lassen.

Ebenso wie wir deshalb mit Roemer sagen können: „Je schwankender die Umweltfaktoren, um so wichtiger ist die Versuchsanstellung", können wir weiter behaupten: Je enger das Netz der Versuche in der Praxis, um so fortschrittlicher und erfolgversprechender wird der Acker- und Pflanzenbau des Landes sein.

Durchführung von Feldversuchen in der landwirtschaftlichen Praxis

Daher darf nicht nur von seiten der Wissenschaft und der Behörden das Streben nach einem umfangreichen Versuchswesen in der landwirtschaftlichen Praxis vorhanden sein, sondern es gilt noch in weit größerem Maße, die Volkseigenen Güter, Landwirtschaftlichen Produktionsgenossenschaften und werktätigen Bauern von den Vorteilen einer exakten Versuchsanstellung in ihrem engeren Ortsbereich zu überzeugen. Eine richtig gelenkte und sorgfältig durchgeführte Versuchsarbeit soll die Bauern auf ihren eigenen Feldern mit den neuesten Erkenntnissen der Wissenschaft vertraut machen und sie Schritt für Schritt zu einem größeren Wirtschaftserfolg führen. Zunächst werden nur die Tüchtigsten und Fortschrittlichsten allen anderen beispielgebend vorangehen. Tatsächlich sollen sich aber auch nur diejenigen zur Durchführung von Feldversuchen bereiterklären, die wirklich interessiert und sich auch ihrer Verantwortung bewußt sind, kann doch durch schlechte Versuchsarbeit schneller wieder eingerissen werden, was vorher erst mühselig aufgebaut wurde.

In den letzten Jahren haben sich schon viele verantwortungsbewußte Praktiker für die Durchführung von Feldversuchen gefunden. Dank ihrer Bereitschaft wird der Kreis aufgeschlossener Landwirte ständig größer, so daß das Band zwischen Wissenschaft und Praxis immer fester geknüpft werden kann.

2. *Auswahl geeigneter Versuchsflächen*

Kommen heute Neuerermethoden oder sonstige acker- und pflanzenbauliche Fragen schon in nebeneinanderliegenden Versuchsparzellen zur Prüfung, so bedeutet das einen Schritt vorwärts gegenüber den leider auch noch immer weit verbreiteten „wilden Zahlenangaben" aus einfachen Ertragsvergleichen verschiedener Schläge. Die richtige Voraussetzung für eine exakte Prüfung ist aber erst gegeben, wenn der Versuch auch auf der geeigneten Versuchsfläche angelegt wird; denn nicht nur in exakten Versuchen auf Versuchsfeldern der Institute, sondern auch bei den Versuchen in der Praxis (auf den Feldern der Landwirtschaftlichen Produktionsgenossenschaften, der Volkseigenen Güter und werktätigen Einzelbauern) kommt es darauf an, außer der jeweiligen Frage, die der Versuch beantworten soll, alle übrigen Faktoren so einheitlich wie möglich zu gestalten. Ist deshalb die Durchführung eines Versuches geplant, so gilt die erste wichtige Überlegung der Auswahl einer geeigneten Versuchsfläche. Wie oft wird gerade hier in der Praxis noch gesündigt! Verfährt man doch allzu gern nach dem Prinzip des geringsten Widerstandes und stellt den für die Wirtschaftsführung geeignetsten und am wenigsten zur Last fallenden Schlag für die Versuche zur Verfügung, ohne zu berücksichtigen, ob diese Stelle auch wirklich alle Voraussetzungen für die Gewinnung brauchbarer Ergebnisse gewährleistet. Den Schaden hat schließlich die Betriebsleitung selbst. Im folgenden soll daher auf die Punkte eingegangen werden, die in der Vorplanung eines Versuches mit einbezogen werden müssen, um nicht von vornherein Gefahr zu laufen, daß derselbe für eine Auswertung unbrauchbar wird.

Notwendigkeit einer exakten Versuchsdurchführung

Eingliederung in den Anbauplan

Meist bereitet der Boden selbst bei diesen Überlegungen die größte Schwierigkeit. Es ist allgemein bekannt, daß er einen wichtigen Ertragsfaktor darstellt und daß die Bodenqualität eines einzigen Schlages mehr oder weniger starken Schwankungen unterworfen sein kann. Findet dies nicht so weit wie möglich Berücksichtigung, so wird der Versuch falsche, durch die Bodenunterschiede veränderte Ergebnisse bringen. Man versucht zwar durch spezielle Versuchsanlagen und Verrechnungen diesen Fehler auszuschalten, zumindest stark zu reduzieren, aber dabei gibt es eine klare Grenze. Wenn die Schwankungen des Bodens über ein gewisses Maß hinausgehen, haben alle Methoden, gleichgültig nach welcher Art die Bodenunterschiede fixiert werden, ihre Berechtigung zur Anwendung verloren. Wirklich exakte Ergebnisse können nur auf einer Fläche mit möglichst gleicher Bodenbeschaffenheit erzielt werden. Daher ist bei der Vorplanung ein Schlag auszuwählen, bei dem eine Fläche herausgeschnitten werden kann, die in der Größe der Versuchsanlage die ausgeglichenste der ganzen Flur darstellt. Erst wenn diese Bedingung erfüllt ist, lassen sich mit Hilfe richtiger Versuchsanlagen die immer noch vorhandenen, aber geringen Bodenunterschiede ausschalten.

Berücksichtigung der Bodenbeschaffenheit

Beurteilungsmaßstab

Die Beurteilung der Bodenverhältnisse der Versuchsfläche muß spätestens im Jahre vor der Versuchsanstellung vorgenommen werden. In den meisten Fällen sind aber wohl immer tüchtige Praktiker zur Stelle, die auf Grund ihrer langjährigen Erfahrungen die Schläge mit den geringsten Bodenunterschieden genau beurteilen können. Kommt zu dieser Erfahrung dann noch das genaue Bonitieren einiger als gut bezeichneter Flächen während der Vorjahrsvegetation hinzu, dann müßte eigentlich für jede Flur die geeignetste Versuchsfläche zu finden sein. Selbstverständlich kann beim Beurteilen der Ausgeglichenheit des Wirtschaftsschlages nicht von der im Betrieb geltenden Fruchtfolge und damit festliegenden Fruchtart abgegangen werden. Trotzdem soll hier auf die Eignung einzelner Früchte als Indikatorpflanzen für die Bestimmung der Bodenunterschiede hingewiesen werden.

Indikatorpflanzen

An der Spitze steht in dieser Hinsicht zweifellos der Hanf. Wegen seines allzu geringen Anbaues kann aber auf ihn als besonders günstigen Indikator kaum zurückgegriffen werden. Wir möchten daher für die praktischen Belange den Senf als die geeignetste Frucht hinstellen, reagiert er doch ebenfalls besonders stark auf Bodenunterschiede. Des weiteren muß herausgestellt werden, daß Sommergetreide empfindlicher ist als Wintergetreide. Von den Hackfrüchten zeigen die Rüben die vorhandenen Unterschiede deutlicher an als die Kartoffeln. Bei den Leguminosen ist den Kleearten und den Lupinen der Vorzug zu geben. Mit dieser gegebenen Abstufung der Kulturpflanzen soll gesagt sein, daß bei einem ausgeglichenen Senfbestand mit einer viel höheren Sicherheit einheitliche Bodenverhältnisse angenommen werden dürfen als bei gleichmäßig stehenden Kartoffeln, Erbsen und anderen Früchten.

Einheitlichkeit der Vorfrucht und der Bewirtschaftung

Eine weitere wichtige Maßnahme, die unbedingt bei der Auswahl der Versuchsfläche berücksichtigt werden muß und deren Mißachtung in der Praxis bisher zu falschen Ergebnissen und damit zu groben Trugschlüssen geführt hat, ist die Forderung nach einer seit mindestens 2 Jahren durchgeführten einheitlichen Düngung, Bearbeitung und gleichen Vorfrucht der Versuchsfläche.

Lage im Wirtschaftsschlag

Hierzu gehört ferner, daß die Versuche genügend weit vom Wege liegen, zumindest aber auf alle Fälle das Vorgewende bei der Anlage ausgelassen wird. Man muß sich immer wieder vor Augen führen, daß die Gleichmäßigkeit des Bodens für das Gelingen des Versuches wertvoller ist als der gute Zugang zum Versuch. Selbstverständlich ist auch letzteres genügend zu berücksichtigen, sollen doch diese Versuche auch meistens Demonstrationszwecken dienen. Wichtig ist nur, daß dies nie auf Kosten der Versuchsgenauigkeit geschieht.

Schattenwirkung

Daß die Versuche nicht im Schatten oder unter sonstigen Auswirkungen, zum Beispiel von Bäumen, Hecken oder irgendwelchen Gebäuden, stehen dürfen, versteht sich von selbst und bedarf keiner weiteren Erläuterung.

Hanglagen

Aus den bereits angeführten Erwägungen heraus, und um technische Belange genügend berücksichtigen zu können, soll die Versuchsfläche möglichst eben sein. Im Gebirge ist es unbedingt notwendig, das Feld mit der geringsten Neigung herauszusuchen und die Anlage so zu gestalten, daß die Längsseiten der Versuchsparzellen mit der Geländeneigung verlaufen.

Jahreswitterung

Daß auch die Jahreswitterung bei der Auswahl der Versuchsfläche eine gewisse Rolle spielt — in feuchten Jahren lassen sich die Bodenunterschiede schlechter erkennen als in trockenen —, sei nur am Rande vermerkt.

3. Entnahme von Bodenproben

Der Boden, als Standort der Pflanzen, übt auf Grund seiner physikalischen und chemischen Beschaffenheit einen starken Einfluß auf die Entwicklung des Pflanzenbestandes und damit auf den Ertrag aus. Auf den Flächen, die Versuche tragen sollen, ist es daher von besonderem Interesse, etwas Näheres über die chemische Zusammensetzung des Bodens — pH-Wert, P_2O_5- und K_2O-Gehalt — zu erfahren. Für die Entnahme von Bodenproben zu einer Nährstoffuntersuchung, die in den Laboratorien der Institute für Landwirtschaftliches Versuchs- und Untersuchungswesen durchgeführt wird, sind allgemeine Anweisungen maßgebend. **Notwendigkeit der Bodenuntersuchung**

a) Probenahme auf dem Ackerland

Der Zeitpunkt der Probenahme ist am günstigsten zwischen der Ernte und der nächsten Düngung. Der Boden darf nicht schmieren, er soll sich in einem gut pflugbereiten Zustand befinden. Die Probenahme beschränkt sich auf die Ackerkrume, d. h. die Probe wird von oben nach unten bis zum deutlichen Wechsel der Bodenfarbe entnommen, im allgemeinen bis zur Pflugtiefe. **Zeitpunkt und Art der Probenahme**

Von der Versuchsfläche ist mindestens eine Durchschnittsprobe erforderlich. Dazu dienen 15 bis 20 möglichst gleichgroße Einzelproben aus regelmäßig über die ganze Anlage verteilten Einstichen. **Durchschnittsprobe**

Die Probenahme erfolgt mit dem Spaten oder einem speziellen Bodenbohrer. Letzterer ist stets senkrecht, nicht schräg einzustechen und nach jedem Einstich vollständig zu entleeren. Benutzt man den Spaten, so ist eine 30 × 50 cm große Grube bis zur Pflugtiefe auszuheben; dann werden die Wände senkrecht abgestochen und gleichmäßig dicke Scheiben von 3—5 cm Breite mit senkrechtem Spatenstich von oben nach unten entnommen. **Praktische Durchführung**

Die so gewonnenen Einzelproben mengt man auf einer sauberen Unterlage gut miteinander und zieht aus der Mischung eine Durchschnittsprobe von 1 kg, bei sehr steinhaltigem Boden bis zu 2 kg. Sie wird, in einen sauberen Beutel oder einer Schachtel verpackt und gut beschriftet, zur Untersuchung gegeben. Wichtig ist, noch feuchte Proben an luftigem, trockenen Ort gut vorzutrocknen (nicht künstlich erhitzen!).

b) Probenahme auf Wiesen und Weiden

Bei Wiesen und Weiden findet infolge fehlender Bodenbearbeitung keine Bodenmischung statt. Daher ist die Hauptmenge der Nährstoffe in der obersten Schicht bis zu 10 cm Tiefe anzutreffen. Der darunter liegende Boden ist nährstoffarm. Die Untersuchung einer Mischprobe aus diesen beiden Schichten gibt daher kein klares Bild über den wirklichen Nährstoffzustand. Es ist deshalb besser, immer zwei getrennte Proben zu nehmen, von 0—10 cm und von 10—20 cm Tiefe. Bei Benutzung des Spatens hebt man den Rasen in 30 × 30 cm großer Fläche ab und gräbt dann in gleicher Größe eine Grube aus. Der weitere Vorgang ist derselbe wie beim Ackerboden.

Die Einzelproben aus 0—10 cm und aus 10—20 cm Tiefe müssen natürlich getrennt zur Untersuchung eingeschickt werden.

4. *Bearbeitung und Düngung der Versuchsflächen*

Gleichmäßigkeit der Bearbeitung Jede ackerbauliche Maßnahme auf der zukünftigen Versuchsfläche soll so erfolgen, daß die Forderung, möglichst gleichmäßige Bodenverhältnisse für die Versuche zu erhalten, nicht durchbrochen wird. Daher sind die einzelnen Bearbeitungsgänge an einem Tage zu erledigen. Äußerst sorgfältige Arbeit ist erforderlich, da die verschiedenen Geräte an jeder Stelle den gleichen Einfluß auf den Boden ausüben sollen. Alle technischen Maßnahmen dürfen nur beim optimalen Bearbeitungszustand des Bodens erfolgen. Bei der Pflugarbeit stellt die Mittelfurche die größte Fehlerquelle dar. Deshalb ist es zweckmäßig, die Versuchsflächen grundsätzlich nur mit Kehr- und Wendepflügen zu bearbeiten. Sind diese nicht vorhanden, ist immer darauf zu achten, daß keine Mittelfurche in der Versuchsanlage liegt.

Es wäre aber falsch, aus diesen kurzen Angaben schließen zu wollen, die Versuche müßten in gartenmäßig hergerichtetes Land gebracht werden. Gefordert wird nur, daß die Versuchsfläche, soweit möglich, in jeder Hinsicht einheitlich ist. Der Bodenzustand selbst soll den örtlichen Gegebenheiten und der jeweiligen Versuchsfrucht entsprechen.

Durchführung der Düngung Um auch bei der Düngung der Versuchsflächen gleiche Voraussetzungen zu schaffen, muß die vorgesehene Menge der Grund- oder Kopfdüngung über die ganze Anlage gleichmäßig verteilt werden. Bei der Vorbereitung der Versuchsfläche wird in der Regel nur die Grunddüngung, Phosphorsäure und Kali berücksichtigt. Stallmistgaben, Grün-, Jauchedüngung und Kalkung sollte man (abgesehen von entsprechenden Düngungsversuchen) möglichst vermeiden, ist es doch sehr schwierig, die genannten Düngerarten für eine Versuchsanlage genügend gleichmäßig in den Boden zu bekommen.

Düngemitteluntersuchung Grundsätzlich darf die für die Versuche bestimmte Düngermenge nur bekannten Partien entstammen, die vor dem Abwiegen und Ausstreuen möglichst auf ihren Nährstoffgehalt untersucht worden sind. **Ausbringen des Düngers** Zum Ausbringen des Grunddüngers dient der Düngerstreuer, und nur bei windstillem Wetter kann sorgfältig und gleichmäßig von Hand gestreut werden. Bei der letztgenannten Methode ist die Gewähr für eine möglichst gleichmäßige Verteilung noch am ehesten gegeben, wenn in zwei Arbeitsgängen gestreut wird, nämlich einmal längs und einmal quer. Da die Zeit der Gabe erheblichen Einfluß auf deren Wirkung und Erfolg ausüben kann, ist auch bei den Versuchsflächen der Zeitpunkt des Streuens entsprechend der Frucht wie auf den Wirtschaftsschlägen zu wählen.

III. ANLAGE VON VERSUCHEN

Nachdem im vergangenen Abschnitt wichtige Voraussetzungen für die Durchführung von Feldversuchen herausgestellt wurden, sind die nun zu besprechenden verschiedenen Möglichkeiten der methodischen Anlage eines Versuches nicht minder wichtig. Durch Anwendung der richtigen Anlagemethode im Zusammenspiel mit allen anderen Maßnahmen exakter Versuchsdurchführung können die 3 Größen, die hauptsächlich die Versuchsergebnisse beeinträchtigen, nämlich Boden, Witterung und Zufall, auf ein Minimum herabgedrückt werden.

Zunächst sei die erste der drei hauptsächlichsten Fehlerquellen, der Boden, hier noch einmal an Hand eines Beispiels beleuchtet.

Beispiel 1:

In einer Landwirtschaftlichen Produktionsgenossenschaft soll geklärt werden, welche der beiden Winterweizensorten *Hadmerslebener IV* oder *Bastard II* für die örtlichen Verhältnisse am ertragreichsten ist. Auf einem Weizenschlag wird daher ein Streifen mit der einen Sorte bestellt, der daneben liegende mit der zweiten. Das Ergebnis ist ein deutlicher Mehrertrag von 4 dz/ha des *Hadmerslebener IV*. Selbstverständlich ist nun die Landwirtschaftliche Produktionsgenossenschaft davon überzeugt, daß diese Sorte unter ihren Verhältnissen den höchsten Ertrag bringt. **Der Boden als Fehlerquelle**

Der „Klub junger Agronomen" des Volkseigenen Gutes im selben Ort stellt in derselben Form den gleichen Versuch an und erhält ein überzeugendes Mehr bei *Bastard II* von 5 dz/ha. Beide Stellen, Landwirtschaftliche Produktionsgenossenschaft und Volkseigenes Gut, haben also in der gleichen Feldflur die Ertragsleistung zweier Winterweizensorten geprüft und kommen dabei zu vollkommen verschiedenen Schlußfolgerungen. Die Erklärung ist einfach: Der Faktor Boden übt hier seine ausschlaggebende Rolle aus und hält auch in unserem Beispiel, wie so oft bei derartigen primitiven Vergleichen, die Versuchsansteller zum Narren. Auf dem Schlag der Landwirtschaftlichen Produktionsgenossenschaft sind die Bodenverhältnisse des Streifens mit *Hadmerslebener IV* besser, auf dem Felde des Volkseigenen Gutes herrschen auf dem Streifen mit *Bastard II* entschieden günstigere Bedingungen.

Da sich auch auf den besten Böden des mitteldeutschen Schwarzerdegebietes keine vollkommen ausgeglichenen Bodenverhältnisse vorfinden und die geringeren Böden noch viel stärkeren Schwankungen unterworfen sind, wird deutlich, welche Beachtung dem Boden bei der Versuchsanstellung gebührt. Es kann daher auch nicht eindringlich und oft genug davor gewarnt werden, Zahlenmaterial aus derartigen Vergleichen, wie im Beispiel angeführt, bekanntzugeben. Solche Angaben führen in der Mehrzahl der Fälle zu falschen Schlußfolgerungen und bedeuten eine nicht zu unterschätzende Gefahr für den Fortschritt der Landwirtschaft.

Um für die Weiterentwicklung des Acker- und Pflanzenbaues aber richtiges Zahlenmaterial zu bekommen, müssen die vorhandenen Bodenunterschiede reduziert bzw. ausgeschaltet werden, und das geschieht:

1. durch richtige Wahl der Versuchsfläche;
2. durch exakte Versuchsanordnung.

Zur Fehlerquelle Witterung sei wiederum ein Beispiel gegeben.

Beispiel 2:

In einer Landwirtschaftlichen Produktionsgenossenschaft soll mit Hilfe eines exakten Versuches die Möglichkeit der Anwendung von Untersaaten geprüft werden. Der Versuch gelingt im ersten Jahr mit überdurchschnittlichen Niederschlägen großartig. Ein weiterer Versuch im folgenden Jahr bringt einen eindeutigen Mißerfolg. **Die Jahreswitterung als Fehlerquelle**

Aus diesem kleinen Beispiel ist der nicht zu übergehende Einfluß der jeweiligen Witterungsverhältnisse ersichtlich, und die Notwendigkeit einer mehrjährigen Versuchsanstellung, um überhaupt zu einwandfreien Schlußfolgerungen kommen zu können, wird sehr deutlich. Der Faktor Jahreswitterung läßt sich also nur durch mehrjährige Versuchsanstellung ausschalten.

Der Zufall als Fehlerquelle

Der dritte Faktor, der auf das Versuchsergebnis Einfluß haben kann und deshalb an dieser Stelle erwähnt werden muß, ist der Zufall. Unter diesem Begriff werden alle die Schwankungen zusammengefaßt, deren Ursachen uns nicht bekannt sind. Das können sein: Unterschiede zwischen den Einzelpflanzen und einer Versuchsfrage, Fehler und Unzulänglichkeit bei der Durchführung des Versuches von der Anlage bis zur Ernte. Diese zufälligen Fehler sind nicht weiter zerlegbar und können daher nach Abschluß des Versuches auch nicht mehr korrigiert werden. Dabei ist es für die Versuchsansteller notwendig, von der Vorplanung (Wahl der Anlagemethode) bis zur Ernte mit größter Sorgfalt alle Arbeiten durchzuführen, um diesen Fehler, die sogenannte Zufallsstreuung, auf ein Minimum herabzudrücken. Die Höhe des zufälligen Fehlers bestimmt die Genauigkeit des Versuches. Ein Versuchsergebnis mit kleinem Zufallsfehler und damit brauchbaren Ernteergebnissen kann nur der Versuchsansteller erhalten, der die richtige Technik der Versuchsdurchführung beherrscht und in hohem Maße berücksichtigt.

1. Technische Grundlagen

a) Grundbegriffe

In den Versuchen sollen die verschiedensten acker- und pflanzenbaulichen Maßnahmen auf ihren Erfolg hin geprüft werden. Beispiel: In einem Düngungsversuch wird die Wirkung einer Stickstoffsteigerung auf eine bestimmte Kulturart geprüft:

1. ohne N
2. mit 20 kg/ha N
3. mit 40 kg/ha N

Versuchsglied oder Variante

Jede dieser 3 verschiedenen Maßnahmen bezeichnet man als ein „Versuchsglied“ oder besser als „Variante“. Ein Feldversuch wird demnach je nach der Zahl der zu prüfenden Maßnahmen in Varianten aufgeteilt, im vorliegenden Falle also in 3 Varianten.

Wie aber bereits eingehend erläutert, reicht ein Nebeneinanderreihen dieser Varianten nicht aus, um zu einem objektiven Urteil zu kommen. Daher wird ein solch einfacher Vergleich „ohne N — mit 20 kg/ha N — mit 40 kg/ha N“ wiederholt angelegt; dann ist damit zu rechnen, daß die durch die Bodenunterschiede bedingten Einwirkungen ausgeglichen werden können. Die Wiederholungen der Varianten sind die kleinsten Einheiten eines Versuches und werden als Parzellen oder Teilstücke bezeichnet. Sie sind nicht weiter zerlegbar.

Teilstück oder Parzelle

b) Größe und Form der Teilstücke

Innerhalb eines Teilstückes, der kleinsten Einheit eines Feldversuches, sind keine Korrekturen mehr möglich, so daß die in seinem Bereich etwa noch vorhandenen Bodenunterschiede mit im Teilstückertrag erfaßt werden. Durch richtige Form und Größe der Teilstücke läßt sich aber erreichen, daß diese, soweit irgend möglich, frei von derartigen Schwankungen bleiben.

Teilstückgröße

Je kleiner die Fläche des Teilstückes, um so größer ist die Wahrscheinlichkeit, daß der Boden einheitlich ist. Im Hinblick auf den Bodenfehler muß daher gefordert werden, einen möglichst geringen Umfang der Teilstücke zu wählen. Auch vom wirtschaftlichen Standpunkt aus gesehen, stellen die kleinen Parzellen die bessere Lösung dar. Ganz abgesehen vom geringeren Saatgutbedarf wird in kleinen Parzellen bei allen anfallenden Versuchsarbeiten der Arbeitsaufwand stark vermindert.

Andere Überlegungen wiederum setzen der Festlegung der Teilstückgröße eine unbedingt zu beachtende untere Grenze. Hierzu gehört in der Hauptsache die individuelle Variabilität der Einzelpflanzen. Jedes Individuum, gleichgültig ob Tier oder Pflanze, hat stets irgendwelche Formabweichungen aufzuweisen, obwohl es zu einem einheitlichen Ganzen gehört. Diese Abweichungen wirken sich bei den Pflanzen im Einzelertrag aus. Daher ist es notwendig, eine genügend große Zahl von Einzelpflanzen zur Prüfung heranzuziehen und bei den Parzellen eine bestimmte Mindestgröße nicht zu unterschreiten.

Hackfruchtparzellen

Bei den Hackfrüchten dürfte die ausreichende Zahl von Einzelpflanzen bei 80 — 100 liegen. In diesem Falle ist dann die Standweite entscheidend für die jeweilige Parzellengröße. Nach den bisher üblichen Standräumen liegt diese bei 20 — 25 qm.

Getreideparzellen

Bei den Getreideparzellen stehen etwas andere Verhältnisse im Vordergrund. Bevor die durch die Unterschiedlichkeit der Einzelpflanzen (individuelle Variabilität) bedingte untere Grenze ereicht ist, wird schon durch rein technische Belange die erforderliche Mindestgröße auf 10 qm festgelegt. Bei einem Herabsetzen der Teilstückgröße unter diesen Wert wird sich das immer etwas ungleichmäßige Drillen sehr ungünstig auf Aufgang und Entwicklung der Einzelpflanzen auswirken. Bei kleineren Parzellen als hier angegeben, können exakte Werte deswegen nur mit der Methode des Handauslegens erreicht werden.

Sonstige Versuchsparzellen

In den Bearbeitungs-, Düngungs-, Fruchtfolge- und sonstigen anbautechnischen Versuchen bestimmen die Fragen der richtigen Anbau- und Bearbeitungstechnik die untere Grenze der Teilstückausmaße.

Teilstückform

Auch bei der Wahl der Teilstückform darf der Faktor Boden nicht unberücksichtigt bleiben. Wird die lange, rechteckige Form der mehr quadratischen gegenübergestellt, so muß betont werden, daß die schmalen Teilstücke nicht nur in technischer Hinsicht den Vorzug verdienen, sondern daß sich bei ihnen auch die etwa vorhandenen Bodenunterschiede besser ausschalten lassen, sind sie doch in der Regel günstiger auf die schmale, lange Teilstückfläche verteilt. Selbstverständlich kann die unbedingt richtige Form in den einzelnen Fällen nur dann gefunden werden, wenn die Bodenunterschiede schon vorher bekannt sind. Ein weiterer Gesichtspunkt, der ebenfalls für die langgestreckte Form der Teilstücke spricht, ist die Forderung nach einer Quadratform der Wiederholungen insgesamt.

c) Zahl und Form der Wiederholungen

Wiederholung oder Block

Jeder exakte Feldversuch besteht, wie schon im Vorhergehenden angeführt, aus mehreren Wiederholungen, d. h. sämtliche Varianten eines Versuches werden wiederholt zu einem Vergleich in Form von Teilstücken aneinandergereiht. Besteht demnach ein Versuch aus 6 Wiederholungen, dann gliedert sich jede Variante in 6 Teilstücke auf. Die Wiederholung oder der Block stellt gegenüber dem Teilstück die nächstgrößere Einheit eines Versuches dar.

Mittelwert

Diese Aufgliederung des Versuches in Wiederholungen ist das wirksamste Mittel, um vorhandene Variationsursachen, gleichgültig welcher Art, auf ein erträgliches Minimum herabzudrücken. Bei ausreichender Zahl und richtiger Anordnung der Wiederholungen erhält man durch die einzelnen Teilstückerträge für die jeweilige Variante einen Mittelwert, der dem theoretisch wahren Wert je nach den Verhältnissen mehr oder weniger nahekommt.

Zahl der Wiederholungen

Es ist leicht verständlich, daß durch die Erhöhung der Wiederholungszahl die Nachteile der auf einen Versuch einwirkenden Fehler am ehesten ausgeschaltet werden können. Je mehr Wiederholungen und damit Teilstückerträge, um so wirklichkeitsgetreuer wird der Mittelwert, d. h. der Ertrag einer Variante. Dieser einfachen Methode zur Verbesserung der Versuchsgenauigkeit wird aber sehr schnell eine Grenze gesetzt durch den erhöhten Aufwand an Fläche, Arbeit und Saatgut. Bei den Feldversuchen erfolgen daher 4—8 Wiederholungen, wobei ein Versuch mit 6 Wiederholungen als am gebräuchlichsten gelten kann. Ein Reduzieren auf die untere Grenze

Form der Wiederholung

mit 4 Wiederholungen sollte man nur in seltenen Fällen und bei Großversuchen vornehmen. Bei den meisten Anlagen wird zwar versucht, die Bodenunterschiede nicht nur zwischen den Wiederholungen (Blocks), sondern auch innerhalb der Wiederholungen rechnerisch auszuschalten; vollkommen ist dies jedoch nicht möglich. Hieraus wird ersichtlich, daß genau wie beim Teilstück für die Wiederholung eine Fläche auszuwählen ist, die möglichst gleichmäßige Bodenverhältnisse aufweist. Ausgehend von der Tatsache, daß der Boden innerhalb eines Kreises am gleichmäßigsten sein wird, stellt das dem Kreis am nächsten verwandte und für die Versuchsanlage gut anzuwendende Quadrat eine zusätzliche Möglichkeit dar, um die Versuchsgenauigkeit zu erhöhen.

d) Nachbar- und Randwirkung

Wie aus den Ausführungen ersichtlich, werden die Teilstücke in den einzelnen Wiederholungen zum Vergleich nebeneinandergelegt. So bleibt es nicht aus, daß die Randreihen der Parzellen sich gegenseitig beeinflussen. Dabei ist es ganz gleichgültig, ob es sich um verschiedene Sorten, um Pflan-

Nachbarwirkung

zen mit verschiedener technischer Behandlung oder gar um verschiedene Fruchtarten handelt, immer wird bei den dicht nebeneinanderstehenden Reihen zweier Teilstücke eine gewisse Nachbarwirkung auftreten, die die Ertragsbildung mehr oder weniger beeinflussen kann. Eine weitere Beein-

Randwirkung

flussung der Randreihen erfolgt durch die Randwirkung. Sie entsteht an den Breit- und Stirnseiten der Versuche. Diese Wirkung dürfte jedem Praktiker bekannt sein, denn auch die Wirtschaftsschläge zeigen an den Rändern ein anderes Bestandsbild als auf der übrigen Fläche.

Beide, Nachbar- und Randwirkung, werden ausgeschaltet, indem die Ernteparzelle kleiner gewählt wird, als es der tatsächlich angelegten Parzelle entspricht. Zur Ausschaltung der Nachbarwirkung wird außerdem bei den meisten Versuchsarten schon bei der Anlage des Versuches zwischen den Teilstücken der normale Reihenabstand um 10 cm erhöht, wodurch von vornherein ein größerer Abstand entsteht. Dieses Verfahren ist auf alle Fälle praktischer, als später während der Vegetation eine Reihe wegzuhacken oder die Pflanzen womöglich noch zur Zeit des Schossens herauszureißen, zumal ja, wenn der Abstand zwischen den Parzellen schon bei der Aussaat um 10 cm erhöht wird, wegen des geringen freien Raumes keine Randwirkung entstehen kann. **Ausschaltung von Nachbar- u. Randwirkung**

Etwas anders liegen die Dinge bei Düngungsversuchen und Fruchtartenvergleichen. Hier müssen die Teilstücke aus naheliegenden Gründen an beiden Seiten in der Anlage um 50 cm breiter sein als die zu erntende Fläche.

In der Regel wird der Versuch mit seinen Wiederholungen ein zusammenhängendes Ganzes darstellen, wobei die mehr oder weniger großen Ränder zwischen den Wiederholungen mit der Versuchsfrucht gedrillt sein sollen. Die Randwirkung muß daher nur an den Stirn- und Breitseiten des Gesamtversuches ausgeschaltet werden. Aus diesem Grunde wird jeder Versuch von einem entsprechenden Streifen der gleichen Fruchtart eingerahmt.

In besonderen Fällen versucht man die Nachbarwirkung durch Trennreihen auszuschalten. Vor allem bei Erbsenversuchen und ähnlichen wird dieses Verfahren gern angewandt. Man drillt dann zwischen die Erbsenparzellen eine Reihe mit einer standfesten Fruchtart, wie Hafer, Ackerbohnen, und gewährleistet somit eine gute Trennung der einzelnen Teilstücke bei der Ernte. **Trennreihen**

e) Kennzeichnung der Teilstücke und Beschilderung der Versuche

Hierbei ist als erste Maßnahme notwendig, die gesamte Versuchsfläche gegenüber dem Wirtschaftsschlag gut sichtbar abzustecken. Dies geschieht am besten mit Pfählen oder Holzstäben, die groß genug sind, um über jede Frucht hinauszuragen. **Abgrenzung des Gesamtversuches**

Aus Gründen der besseren Demonstration, und um die Teilstücke zu jeder Zeit und für jede Tätigkeit sofort zu erkennen, empfiehlt es sich, die einzelnen Parzellen genau zu kennzeichnen. Das geschieht mit speziellen Holzetiketten, falls solche vorhanden sind. Aber auch mit Hilfe etwas primitiverer Mittel (Stöcke und Stäbe) kann ähnliches erreicht werden. Wichtig ist nur, daß die Etiketten immer am linken Rand der Parzelle stehen. **Etikettierung der Teilstücke**

Bei einer Beschilderung der Versuche zum Zwecke der Demonstration werden die hierzu erforderlichen Holzschilder mit genauen Angaben über die Variante vor die Mitte der einzelnen Teilstücke gestellt, allerdings nur in der Wiederholung, die dem Besichtigenden direkt zugewandt ist. **Beschilderung zur Demonstration**

2. *Verschiedene Anlagemethoden*

Eine der wichtigsten Fragen bei der Vorplanung ist die Wahl der für die gegebenen Verhältnisse geeigneten Versuchsmethode. Es konnte bereits nachgewiesen werden, welche Bedeutung im Hinblick auf die Genauigkeit der Ergebnisse der Aufgliederung eines Versuches in Wiederholungen **Wahl der Versuchsmethode** zukommt. Ein weiterer wichtiger Schritt ist es aber nun, die Anordnung dieser Wiederholungen und der Teilstücke so zu treffen, daß der gewonnene Mittelwert wirklich ein objektives Ergebnis gewährleistet. Zur Erreichung dieses Zieles stellen die verschiedenen Versuchsmethoden die letzte wirksame Hilfe dar. Die einzelnen Versuchsmethoden unterscheiden sich einmal durch die verschiedenen Anlageformen, auf die hier näher eingegangen wird, und zum anderen durch spezifische Verrechnungsarten, deren Besprechung dem zweiten Teil dieser Broschüre vorbehalten bleiben soll.

Berücksichtigung versuchstechnischer Belange

Je nach den gegebenen Verhältnissen ist von den verschiedenen Anlageformen die geeignete Methode zu wählen, wobei einige Gesichtspunkte besonders beachtet werden müssen. Das Ausmaß der Bodenunterschiede, die Größe und Form der zur Verfügung stehenden Fläche, die Eignung des Personals zur Versuchsdurchführung und die Versuchsart, die verschiedenen Versuchsfragen, beeinflussen die Wahl der Versuchsmethoden ganz entscheidend.

Berücksichtigung anbautechnischer Belange

Auf eine gewisse Gefahr sei einleitend ebenfalls hingewiesen. Bei der Wahl der Versuchsmethode darf auf keinen Fall nur einseitig die vom versuchstechnischen Standpunkt aus notwendige Anlagetechnik in den Vordergrund gestellt werden. Auch die anbautechnischen Belange haben genügende Berücksichtigung zu finden. Hier liegt eine gewisse Diskrepanz vor, die die Entscheidung über die richtige Versuchsmethode sehr oft schwierig macht. Durch genügende Überlegungen bei der Versuchsanstellung können aber diese scheinbaren Gegensätze ohne weiteres beseitigt werden.

a) Reihenanordnung nach Mitscherlich und nach Lindhard

Diese Versuchsmethoden gehen von einem Gedankenexperiment aus: Es wird angenommen, daß auf einer streifenfömigen Versuchsfläche kontinuierlich sich verändernde Bodenunterschiede vorhanden sind, wodurch die nebeneinanderliegenden Teilstücke unterschiedlich beeinflußt werden. Nach Mitscherlich sind diese Bodenunterschiede mit Hilfe einer Ausgleichsrechnung zu eliminieren. Dadurch wird eine Korrektur der Ertragsunterschiede erreicht.

Art der Anlage

Bei der Anlage werden die einzelnen Wiederholungen systematisch nebeneinandergereiht, ebenso die Teilstücke innerhalb der Wiederholungen.

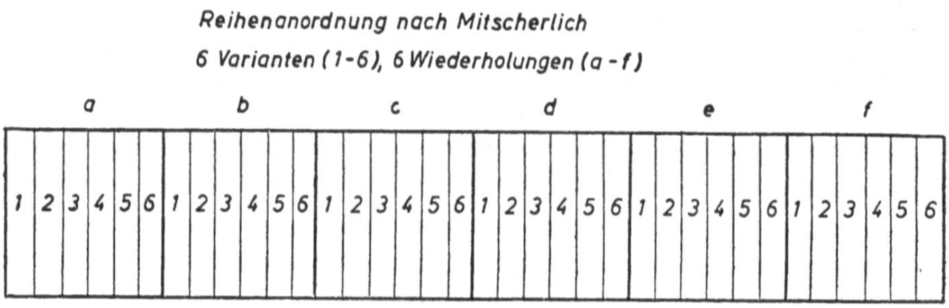

Abb. 1

Bei der Methode Lindhard sind noch am Anfang und am Ende des Versuches Hilfsparzellen anzuschließen. Sie sollen eine genauere Ausgleichsrechnung ermöglichen.

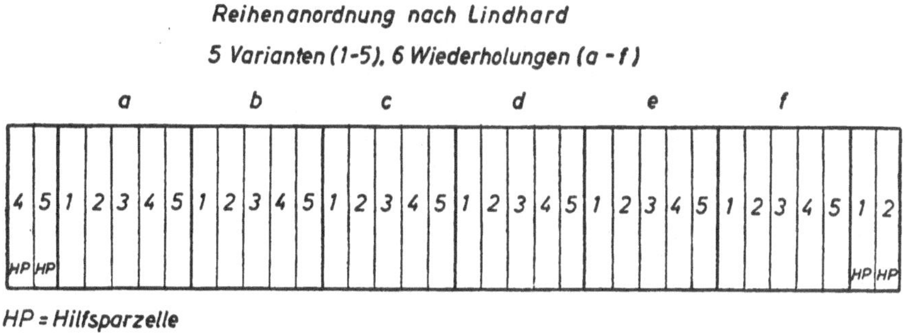

Abb. 2

Die Vorteile der MITSCHERLICH- und LINDHARD-Methode liegen, wie bei allen Reihenanlagen, in der Hauptsache auf anbautechnischem Gebiet: Es ist einleuchtend, daß bei einer derartigen streifenförmigen Anordnung der Teilstücke alle technischen Maßnahmen (Drillen, Pflügen usw.) in idealer Form vorgenommen werden können. So eignen sich diese Methoden besonders für Aussaatzeitenversuche, falls die Zahl der Varianten nicht zu hoch ist, und für sämtliche anbautechnischen Versuche, insbesondere Standweitenversuche. Dasselbe trifft für Bodenbearbeitungsversuche zu, da einmal erfahrungsgemäß die zu vergleichenden Ackerarbeiten nur auf größeren Parzellen durchgeführt werden können und zum anderen bei diesen Methoden durch das erforderliche, ständige Wenden keine benachbarten Parzellen in Mitleidenschaft gezogen werden. Allerdings gelten diese anbautechnischen Vorteile in gleichem Maße für die Blockmethode bei streifenförmiger Anordnung der Blocks. Diese Anlageform unterscheidet sich von den Methoden nach MITSCHERLICH bzw. LINDHARD lediglich dadurch, daß die Varianten innerhalb der Wiederholungen (Blocks) nicht systematisch, sondern zufällig angeordnet sind. **Vorteile**

Den Vorteilen der MITSCHERLICH- sowie der LINDHARD-Methode sind folgende Nachteile gegenüberzustellen: Da sich die Anlage nur in einer Richtung erstreckt, tritt bei größeren Teilstücken ein hoher einseitiger Flächenaufwand ein. Weiterhin darf die Variantenzahl 8—9 nicht überschreiten, um die Bodenunterschiede innerhalb des Versuchs nicht zu hoch ansteigen zu lassen. **Nachteile**

Die der MITSCHERLICH-Methode nachzuweisenden Schwächen liegen hauptsächlich auf dem Gebiete der Ausgleichsrechnung — der Bodenausgleich gelingt bei den Endgliedern des Versuches nur teilweise — und können durch eine Anordnung nach LINDHARD, d. h. also durch Angliederung von Hilfsparzellen, vollkommen ausgeschaltet werden. Weiterhin bietet diese Methode die Möglichkeit, neben einer Ausgleichsrechnung eine varianzanalytische Fehlerberechnung über die direkten Differenzen durchzuführen.

Die Methode LINDHARD besitzt daher die anbau- und anlagetechnischen Vorteile einer streifenförmigen Anordnung, sie läßt eine Korrektur der Mittelwerte (Ausschalten der Bodenunterschiede) zu, und man erhält die Möglichkeit, über eine varianzanalytische Fehlerberechnung, die für die Auswertung so wertvolle Grenzdifferenz zu ermitteln. Wenn irgend möglich, ist diese Methode daher allen anderen Anlagen vorzuziehen. **Vorzüge der Methode LINDHARD**

Weiterhin wird der Aufwand an Rechenarbeit gegenüber der Verrechnung nach MITSCHERLICH beträchtlich vermindert. So wurde bei vergleichenden Untersuchungen in Lauchstädt bei der Verrechnung der Versuche nach MITSCHERLICH ein Zeitaufwand von 100 Minuten je Versuch festgestellt, bei der Verrechnung nach LINDHARD jedoch nur 55 Minuten und bei der varianzanalytischen Verrechunng nur 28 Minuten.

Aus diesen Gründen erscheint es berechtigt, nur die Verrechnung nach LINDHARD zu demonstrieren, zumal jeder nach der Methode MITSCHERLICH angelegte Versuch auch nach LINDHARD verrechnet werden kann. Dabei wird eine Wiederholung für die Gewinnung der Hilfsparzellen verwandt, wie das folgende Beispiel zeigt:

Ursprüngliche Anlage nach MITSCHERLICH	1.	2.	3.	4.	Wiederholung
	1 2 3 4	1 2 3 4	1 2 3 4	1 2 3 4	

Umgebildet für d. Verrechnung nach LINDHARD		1.	2.	3.		Wiederholung
	1 2 HP	3 4 1 2	3 4 1 2	3 4 1 2	3 4 HP	

HP = Hilfsparzellen

Entgegen der bisherigen Ansicht ist die Auswertung nach der Methode LINDHARD nicht nur bei einer ungeraden Anzahl, sondern auch bei einer geraden Anzahl Versuchsglieder möglich. Die Nachteile der Methode LINDHARD sind anlagetechnischer Natur. Die Höchstzahl der Varianten beträgt etwa 9. Durch Angliederung von Hilfsparzellen wird der Arbeits- und Flächenaufwand erhöht; es muß praktisch eine Wiederholung zusätzlich angelegt werden.

Hilfsparzellen Wieviel Hilfsparzellen am Anfang und am Ende des Versuches benötigt werden, ergibt sich aus nachstehenden Formeln:

Für eine ungerade Zahl der Varianten:

$\frac{v-1}{2}$, wobei v die Zahl der Varianten darstellt, in unserem Beispiel mit 5 Varianten: $\frac{5-1}{2} = 2$

Für eine gerade Zahl der Varianten:

$\frac{v}{2}$, z. B. für 6 Varianten $\frac{6}{2} = 3$.

b) Blockanlage

Art der Anlage Unter den varianzanalytischen Versuchsmethoden stellt die Blockanlage die einfachste dar. Die Anordnung der Wiederholungen kann recht verschiedenartig gewählt werden. Wichtig ist nur, daß die Bodenverhältnisse innerhalb einer Wiederholung möglichst gleichmäßig sind, da sich mit Hilfe der Verrechnung nur die Bodenunterschiede zwischen den Blöcken und nicht innerhalb derselben ausschalten bzw. rechnerisch festhalten lassen. Um genügend Ausweichmöglichkeiten für die Anlage der Blöcke auf gleichmäßigem Boden zu haben, dürfen die Ränder zwischen den Wiederholungen beliebig groß gewählt werden. In extremen Fällen (starke Bodenunterschiede) kann sogar die gesamte Anlage so geplant werden, daß die einzelnen

Wiederholungen verstreut angeordnet sind, nur um auf einheitliches Bodenmaterial zu kommen.

In der Regel wird man aber die anderen Möglichkeiten vorziehen. Das wäre einmal eine Anordnung der Blöcke hintereinander und zum anderen, besonders günstig in anbautechnischer Hinsicht, die streifenförmige Anordnung wie bei den Methoden nach MITSCHERLICH und nach LINDHARD. Aber auch eine dritte Art sei noch erwähnt, nämlich das Hinter- und Nebeneinanderreihen der Blöcke.

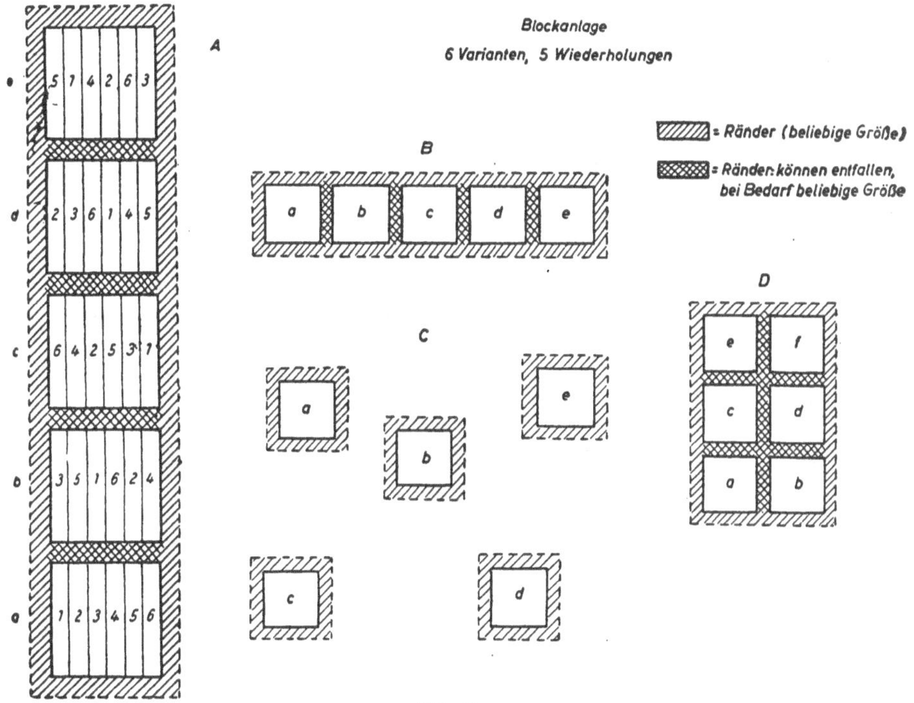

Abb. 3

So besitzt die Blockanlage den großen Vorteil, mit Hilfe ihrer verschiedenen Variationen alle anlage- und anbautechnischen Forderungen und Gegebenheiten genügend berücksichtigen zu können.

Zahl der Teilstücke

Die Zahl der Teilstücke innerhalb einer Wiederholung ist abhängig von der Beschaffenheit des Bodens, sollte aber 15 nicht überschreiten. Im Gegensatz zu der systematischen Reihenfolge der Teilstücke bei den Anlagen nach MITSCHERLICH und LINDHARD wird für sämtliche varianzanalytischen Methoden eine sog. zufällige Anordnung der Teilstücke gefordert.

Zufällige Anordnung der Teilstücke

Aus praktischen Erwägungen ist man aber von einer wirklich dem Zufall überlassenen Verteilung abgegangen und verteilt so, daß sich in jeder Wiederholung andere Teilstücke als Nachbarn gegenüberstehen. Dieses Verfahren wird daher allerdings etwas widersinnig, aber doch den Kern der Sache treffend, als „gesteuerter" Zufall bezeichnet. Über das Verfahren zur

Aufstellung zufälliger Reihenfolgen wird auf das Buch von Prof. Dr. Mudra [5] „Einführung in die Methodik der Feldversuche" (Seite 19 und 20) hingewiesen. Die Notwendigkeit der zufälligen Verteilung ist folgendermaßen zu begründen: Trotz größter Sorgfalt bei der Auswahl der Fläche für die einzelnen Wiederholungen werden in der Mehrzahl der Fälle noch gewisse, wenn auch nur geringe Bodenunterschiede vorhanden sein. Nun ist anzunehmen, daß bei systematischer Anordnung zwischen Teilstück 1 und 5 größere Bodenunterschiede vorliegen als zwischen den benachbarten, z. B. 1 und 2. Diese Überlegung trifft für jede Wiederholung zu. Das bedeutet, daß die Ertragsdifferenz zwischen Variante 1 und 2 weniger von den Bodenunterschieden beeinflußt wird und damit zuverlässiger ist als diejenige zwischen Variante 1 und 5. Die sog. zufällige Verteilung soll einen derartigen Nachteil ausschalten. Dieser Grundsatz bleibt auch berücksichtigt, wenn zum Zwecke der Demonstration in der ersten Wiederholung eine systematische Reihenfolge benutzt wird.

c) Lateinisches Quadrat

Anordnung in Blocks und Säulen

Durch eine spezielle Anordnung der Teilstücke in Blocks und Säulen können bei dieser Anlage auch Bodenunterschiede innerhalb der Wiederholungen von Teilstück zu Teilstück rechnerisch festgehalten werden. Bei der Planung ist nur notwendig, daß jedes Teilstück in jeder Säule und in jedem Block einmal vorkommt. Die Varianten sind also zweimal zu gruppieren, einmal in Blocks (waagerecht) und zum anderen in Säulen (senkrecht) Eine solche Verteilung läßt sich nur ermöglichen, wenn die Zahl der Versuchsglieder gleich der Zahl der Wiederholungen ist, d. h. Variante, Wiederholung (Block) und Säule müssen in gleicher Zahl vorhanden sein. Daher bleibt die Anwendung dieser Anlageform auf Versuche mit 4 bis 8 Varianten beschränkt. Bei der Aufstellung von Versuchsplänen für das lateinische Quadrat sowie auch für das lateinische Rechteck ist es zweckmäßig, die in den „Richtlinien für die Durchführung von Wertprüfungen" angeführten Beispiele zur Hand zu nehmen. [Literaturverzeichnis Nr. 2.]

Zahl der Varianten

Lateinisches Quadrat
6 x 6
Säulen

Blocks		I	II	III	IV	V	VI
	f	6	3	5	1	4	2
	e	4	6	2	5	3	1
	d	2	5	4	6	1	3
	c	5	1	6	3	2	4
	b	3	4	1	2	6	5
	a	1	2	3	4	5	6

Abb. 4

d) Lateinisches Rechteck

Im Prinzip entspricht diese Anlage dem lateinischen Quadrat. Die Teilstücke sind ebenfalls in Säulen und Blocks angeordnet, so daß sich auch hier die Bodenunterschiede innerhalb der Wiederholungen ausschalten lassen.

Durch eine besondere Form der Teilstückanordnung ist es beim lateinischen Rechteck möglich, mit einer entschieden größeren Zahl von Varianten zu arbeiten, als Wiederholungen vorhanden sind. Ist die Variantenzahl höher als die der Wiederholungen, wobei erstere immer das Doppelte, Dreifache, Vierfache oder Mehrfache betragen muß, so wird die einfache Säule umgeknickt. Beim lateinischen Rechteck liegen also in einer Säule 2, 3 oder 4 Teilstücke nebeneinander. Auch hier ist darauf zu achten, daß jede Variante nur einmal in jeder Wiederholung (Block) und in jeder Säule vorkommt. Diese spezielle Anordnung erfordert, daß die Zahl der Varianten immer durch die Zahl der Wiederholungen und durch die Zahl der Teilstücke, die eine Säulenbreite ergeben, zu teilen ist oder anders ausgedrückt: Zahl der Blocks und Zahl der Teilstücke, die eine Säulenbreite bilden, ergeben als Produkt die Zahl der Varianten.

Spezielle Form der Teilstückanordnung

Zahl der Varianten

Lateinisches Rechteck

6 x 2

Säulen

Blocks	I		II		III		IV		V		VI	
f	3	6	7	11	9	12	10	4	8	1	5	2
e	12	11	1	9	10	7	6	2	5	3	4	8
d	9	4	8	6	3	11	5	12	2	7	1	10
c	8	10	5	12	2	4	1	9	11	6	3	7
b	5	7	2	10	8	1	11	3	12	4	9	6
a	1	2	3	4	5	6	7	8	9	10	11	12

Abb. 5

Wenn mit dieser Methode wohl theoretisch ohne weiteres Versuche mit 25 bis 30 Varianten möglich sind, so soll doch auch hier ganz besonders darauf hingewiesen werden, daß trotz komplizierter und elegantester Anlage- und Verrechnungsformen nach wie vor ein Versuch mit nur wenig Versuchsgliedern am exaktesten sein wird.

e) Kontrollierter Anbauvergleich

Bedingte Anwendung

Bei vielen Versuchsarten ist die Durchführung nach den behandelten exakten Anlagemethoden in der Praxis oft sehr schwierig. Daher entfällt die Möglichkeit, bestimmte Versuchsfragen in größerem Umfange auf breiter Basis zu prüfen. Die Anwendung des kontrollierten Anbauvergleiches gestattet dies in verstärktem Maße, und es besteht dabei die Hoffnung, daß dadurch möglichst schnell die in der Praxis leider noch weit verbreiteten und oft zu Trugschlüssen führenden Ertragsvergleiche völlig ausgemerzt werden.

Der kontrollierte Anbauvergleich bietet zwar keine vollkommene Gewähr, objektives Zahlenmaterial zu bekommen, jedoch ist es möglich, bei der Verrechnung die Bodenunterschiede in beiden Richtungen auszugleichen. Das schließt jedoch nicht aus, daß auch bei derartigen kontrollierten Anbauvergleichen falsche Ergebnisse erzielt werden können, z. B. wenn einer der Streifen auf einer Mittelfurche liegt. Die Anwendung der kontrollierten Anbauvergleiche und ihre Auswertung besitzt daher nur eine Berechtigung, wenn aus einer Vielzahl von Vergleichen, über ein größeres Gebiet verteilt, Zahlenmaterial für eine endgültige Schlußfolgerung verwendet wird.

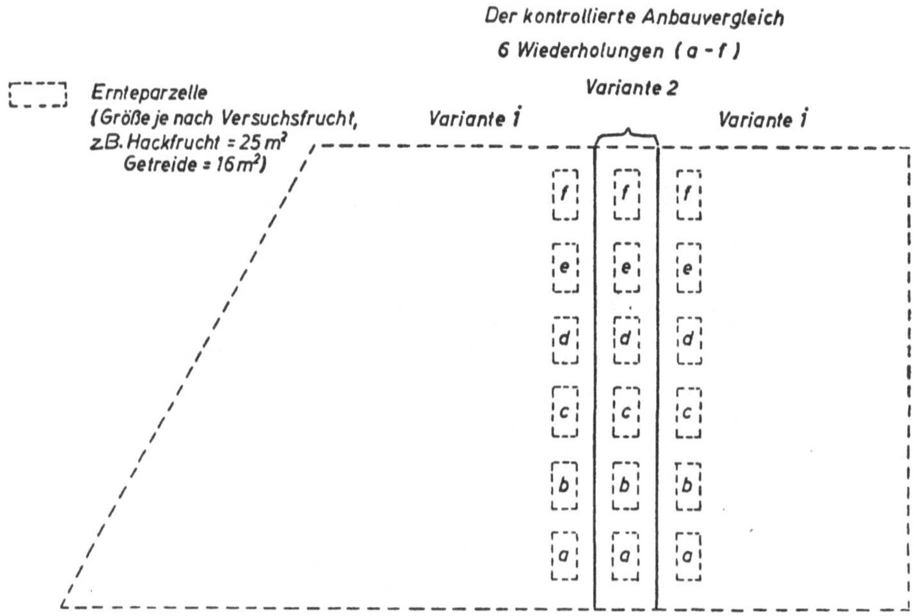

Abb. 6

Art der Anlage Die Anlage eines Anbauvergleiches ist denkbar einfach. Mit ihr lassen sich allerdings nur zwei Varianten prüfen. Auf dem hinsichtlich gleichmäßiger Bodenverhältnisse sorgfältig ausgewählten Feldschlag wird ein Streifen (in der Länge des Schlages) mit der Variante 2 angelegt. Dieser Streifen ist links und rechts wiederum von Streifen begrenzt, die beide die Variante 1 darstellen. Ist es bei diesen beiden angrenzenden Streifen völlig gleichgültig, wie breit sie sind, so muß der mittlere unbedingt so schmal angelegt werden, wie es die Versuchsfrage überhaupt zuläßt. Bei der Ernte schneidet man aus diesen drei Streifen je 6 Ernteparzellen (Wiederholungen) heraus, wobei darauf zu achten ist, daß die Parzellen des linken und rechten Streifens möglichst dicht am mittleren liegen. Die schmale Anordnung des mittleren Streifens und das enge Aneinanderlegen der Ernteparzellen sollen wenigstens etwas dazu beitragen, auf der Fläche der Ertragsfeststellungen einigermaßen gleiche Bodenverhältnisse vorzufinden. Nach der Ernte wird dann der Ertrag jeder einzelnen Parzelle des mittleren Streifens mit dem Mittel der beiden benachbarten Parzellen aus dem linken und rechten Streifen verglichen.

3. Vermessen und Einteilen der Versuchsflächen

Nachdem sämtliche für die Durchführung einer exakten Versuchsanlage notwendigen Voraussetzungen geschaffen sind und die jeweils richtige Versuchsmethode gewählt wurde, beginnt endlich mit dem Einteilen und Vermessen die praktische Arbeit auf dem Felde. Als Hilfsmittel dienen hierzu verschiedene Geräte:

Hilfsmittel

1. Ein Bandmaß (möglichst aus Stahl)
2. Eine lange Leine (ca. 100 m)
3. Vier hohe Eckpfähle zur Festlegung der Ecken des Versuches
4. 6 Fluchtstangen (rot-weiß oder schwarz-weiß markiert)
5. Holzetiketten oder kleine Stäbe zur Abgrenzung der Parzellen
6. Kurze Gartenschnur
7. Winkelspiegel oder Winkelmesser

Ausmessen der Gesamtfläche

Als erste Maßnahme ist die gesamte für den Versuch benötigte Fläche auf dem Acker abzustecken. Das geschieht von einer zunächst festgelegten Grundlinie aus. Sie liegt am besten parallel zu einem Weg oder einer anderen markanten Linie. Anfang und Ende werden durch Fluchtstangen begrenzt, die aber entschieden weiter auseinanderstehen müssen, als es den tatsächlichen Versuchsmaßen entspricht. Die so gefundene Grundlinie wird durch genaues Einfluchten weiter unterteilt. Nachdem von der einen Fluchtstange zur anderen eine Leine gespannt worden ist, erfolgt das genaue Markieren der Grundlinie durch das sog. Abtreten der Leine. Dazu geht man mit normalen Schritten auf ihr entlang und tritt auf dem Rückweg in die Zwischenräume der Fußstapfen, so daß ein deutlich sichtbarer Strich entsteht. Bei kurzen Strecken kann man auch versuchen, die gewünschte Markierung durch kräftiges Hin- und Herziehen der Leine zu erreichen. Bei festem Boden jedoch wird es sich oft erforderlich machen, mit einer Hacke eine flache Markierungsfurche entlang der Schnur zu ziehen.

Danach wird das genaue Seitenmaß des Versuches einschließlich der Seitenränder von dem Fluchtstab A aus abgetragen und der Punkt B festgelegt. Dabei werden gleichzeitig die Maße für die einzelnen Parzellen durch Stecken von Etiketten auf der Grundlinie fixiert.

Nach der Auffindung des rechten Winkels zur feststehenden Grundlinie in Punkt A (s. Seite 30 u. 31) läßt sich dort eine Senkrechte errichten und durch Fluchtstäbe einfluchten. Auf ihr wird die Breitseite des Versuches abgemessen, so daß man als dritten Eckpfeiler den Punkt D erhält. Vom Punkt B kann nun parallel zur Senkrechten A—D ebenfalls die Breite des Versuches abgetragen werden und somit die Festlegung des Punktes C erfolgen. Jetzt wird vom Punkt D aus in Richtung zu dem soeben gewonnenen Punkt C parallel zur Grundlinie A—B nochmals die Seitenlänge des

Versuchs abgemessen. Etwa notwendige Korrekturen des Punktes C sind parallel zur Grundlinie vorzunehmen. Damit wären die äußeren Maße eines Versuches festgelegt, nachdem auch die drei Seitenlinien zur besseren Kenntlichmachung mit der Schnur abgetreten sind.

Ausmessen der Versuchsfläche

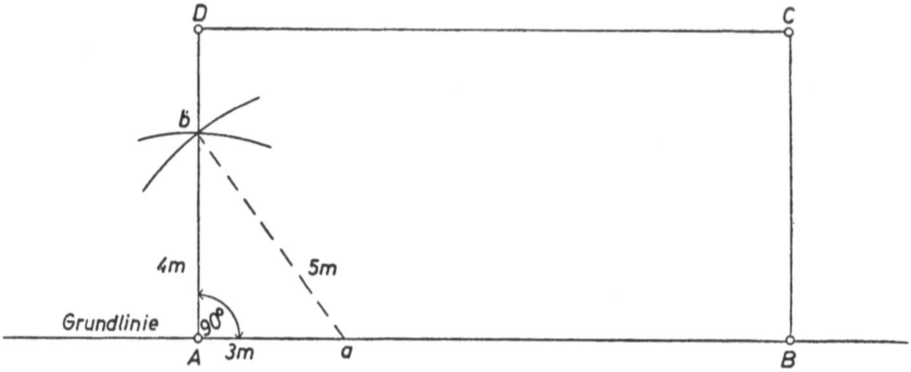

Abb. 7

Ausmessen der Parzellen

Auch bei der nun folgenden Arbeit des Ausmessens der einzelnen Parzellen ist ein äußerst sorgfältiges Vorgehen geboten. Jede Parzelle soll die vorgeschriebenen Maße besitzen, damit nicht schon verschiedene Parzellengrößen später falsche Teilstückerträge verursachen. In diesem Zusammenhang sei darauf hingewiesen, daß sich auch der kleinste Fehler bei der Parzellengröße vervielfacht, da bei der Auswertung der Ergebnisse auf Hektarerträge umgerechnet wird.

Die Breitmaße der Parzellen auf der Grundlinie A—B sind bereits vermessen und mit Etiketten gekennzeichnet. Auf den Seitenlinien A—D und B—C bleibt nun noch, das Längenmaß der einzelnen Parzellen abzutragen, die beiden so gewonnenen Punkte mit der Schnur parallel zur Grundlinie A—B zu verbinden und auf dieser Linie wiederum die Breitmaße der Parzellen mittels Etiketten festzulegen. Damit ist die erste Wiederholung vermessen und eingeteilt. Liegen, wie bei den meisten Anlagen, die Wiederholungen hintereinander, so kehrt der geschilderte Arbeitsgang in jedem Block wieder. Zwischen die einzelnen Wiederholungen sind aber, ebenfalls genau vermessen, die Ränder einzuschalten, deren Größe je nach Versuchsart und ganz besonders nach der notwendigen Anbautechnik schwankt. In der Regel dürften diese Ränder zwei Meter breit sein, das wäre gleich zwei Maschinenbreiten der 1-m-Parzellendrillmaschine.

Bei genügend langer Schnur ist es natürlich entschieden praktischer und vor allem arbeitssparend, wenn nicht jede Wiederholung für sich vermessen, sondern folgender Arbeitsgang vorgenommen wird: Auf den Senkrechten A—D und B—C werden die Maße für die Parzellen und Ränder insgesamt abgetragen und die jeweilig zusammengehörenden Punkte mit der Leine verbunden und „abgetreten“. Die Längsteilung erfolgt dann von der Grundlinie A—B aus über alle Wiederholungen hinweg durchgehend bis zur Linie C—D.

Das Vermessen einer Reihenanordnung, sei es nach MITSCHERLICH, LINDHARD oder als Blockanlage, findet im Prinzip in gleicher Weise statt. Es ist aber zu beachten, daß bei den Reihenanordnungen, außer bei der Blockanlage, keine Ränder zwischen den einzelnen Wiederholungen eingeschaltet sein dürfen. Nachdem die hier geschilderten Arbeiten duchgeführt worden sind, liegt die Versuchsfläche zur Aussaat bereit.

Bildung des rechten Winkels mit Spezialinstrumenten

Abschließend sei noch auf die verschiedenen Arten der Festlegung des „rechten Winkels" eingegangen. Besitzt der Versuchsansteller einen Winkelspiegel oder Winkelmesser, so ist die Bildung eines Winkels von 90° durch die Handhabung dieser beiden Geräte festgelegt. In der Mehrzahl der Fälle und ganz besonders bei der Versuchsdurchführung in der landwirtschaftlichen Praxis werden diese beiden Geräte aber oft nicht zur Hand sein.

Behelfsmäßige Bildung eines rechten Winkels

Mit Hilfe eines Bandmaßes oder einer Schnur und unter Anwendung des Lehrsatzes von PYTHAGORAS fällt es gar nicht schwer, den notwendigen rechten Winkel behelfsmäßig, aber doch genau und schnell zu finden.

Der angegebene Lehrsatz besagt, daß die Summe der Kathetenquadrate gleich dem Hypotenusenquadrat ist. Bei einer angenommenen Kathetenlänge von 3 und 4 m hat daher die Hypotenuse eine Länge von 5 m, denn $\sqrt{3^2 + 4^2} = 5$.

Praktisch angewandt heißt das: Ausgehend von Punkt A werden auf der Grundlinie 3 m abgemessen und markiert (a). Anschließend wird wiederum von Punkt A aus in Richtung der gesuchten Senkrechten und in einer Entfernung von 4 m ein Kreis geschlagen. Mit dem Hypotenusenmaß 5 Meter schlägt man von a aus einen zweiten Kreis, der den ersten in b schneidet. Von Punkt A nach b läßt sich nun die Senkrechte fällen und der Punkt D einfluchten (Abb. 7).

IV. AUSSAAT

Bei der Aussaat eines Versuches bedarf es nicht nur hinsichtlich der Orts- und Anlagewahl und des Saatbettes einiger Vorbereitungen, sondern auch das für den Aufwuchs notwendige Saatgut hat den Versuchsanforderungen zu entsprechen. An dieser Frage sollte die Exaktheit eines Versuches niemals scheitern. Daher darf aber auch nicht erst im Augenblicke der Aussaat an die dazu erforderlichen Sämereien gedacht werden.

Wahl des Saatgutes

Um das Grundgesetz der Einheitlichkeit eines Versuchs, ausgenommen hinsichtlich der zu untersuchenden Faktoren, nicht zu durchbrechen, muß auch das Saatgut eine Einheit darstellen. Es sollaus guter Anbaustufe stammen; Reinheit, 1000-Korngewicht und Keimfähigkeit müssend en Anforderungen eines Hochzuchtsaatgutes genügen. Bezüglich der Einheitlichkeit bestehen nur dann Ausnahmen, wenn der Versuch Saatgutprobleme betrifft, wie es bei Saatgutwert- oder Herkunftsversuchen der Fall ist.

1. Saatgutuntersuchungen

Die Werte des 1000-Korngewichts und der Keimfähigkeit werden nicht nur benötigt, um sich von der Güte des Saatgutes zu überzeugen, sondern auch zur Errechnung der Sollfallmenge s. S. 33. Wird das Saatgut als Elite oder Hochzucht vom Züchter bezogen, so kann man sich der dabei gleichzeitig stets angegebenen Saatgutwerte bedienen. Bei Verwendung eigenen Anbaues lassen sich diese Zahlen ohne große Schwierigkeiten selbst ermitteln. Dabei sei bemerkt, daß das Saatgut zunächst einer gründlichen Reinigung unterliegen muß, um Unkraut, Spreu und Bruch weitgehend zu entfernen. Von einer derart sorgfältig hergerichteten Partie werden an mehreren Stellen Proben genommen, gut durchmischt und zu einer Mittelprobe vereinigt, von der 50 g für die Untersuchungen abzuwiegen sind. Unter der Voraussetzung, daß das Saatgut sachgemäß gereinigt ist, kann eine genaue Bestimmung der Reinheit unterbleiben. Lediglich eine Trennung des reinen Saatgutes von eventuell vorhandenen Bruchkörnern, Spreu, Unkraut oder Fremdbesatz hat zu erfolgen, da bei der Bestimmung des 1000-Korngewichtes und der Keimfähigkeit vom reinen Saatgut ausgegangen wird.

Reinheit

1000-Korngewicht

Zur Feststellung des 1000-Korngewichtes werden mindestens zweimal 500 Körner wahllos abgezählt und gewogen. Der Durchschnitt aller Wägungen mit 2 multipliziert ergibt den gewünschten Wert. Es ist darauf zu achten, daß die Einzelwerte möglichst gut übereinstimmen. Beträgt ihre Differenz mehr als 6% (bei Feinsämereien 10%), so ist eine Wiederholung der Untersuchung erforderlich.

Keimfähigkeit

Um die Keimfähigkeit von Saatgut bestimmen zu können, sind einfache Suppenteller, gewaschener Quarzsand und Fließpapier notwendig. Getreide und größeres Saatgut werden in angefeuchtetem Sand, die Feinsämereien auf feuchtem Fließpapier zum Keimen gebracht. Zu einer Untersuchung gehören 4 Teller mit je 100 Körnern bei Getreide und 50 Körnern bei großkörnigem Saatgut. Die angesetzten Proben werden mit Glasplatten und Tellern abgedeckt und stets feucht gehalten, wobei die Zimmertemperatur im allgemeinen zwischen 15 und 20° betragen soll.

Die erste Auszählung der gekeimten Samen zur Feststellung der Keimschnelligkeit ist bei fast allen landwirtschaftlichen Kulturarten nach 4 Tagen, bei Rübenknäueln nach 7 Tagen fällig. Die endgültigen Werte für die Keimfähigkeit ergeben sich nach 10—12 Tagen, bei Rüben nach 14 Tagen. Als gekeimt gelten alle Samenkörner, deren Blattkeim und Wurzeln normal entwickelt und gesund sind.

Triebkraft

Zur Bestimmung der Triebkraft werden die Körner auf angefeuchtetem Sand in Blumentöpfe gebracht und mit einer Schicht von 3—4 cm wassergesättigtem Ziegelgrus bedeckt. Nach 14 Tagen erfolgt die Auszählung der durchgetriebenen Keime.

Der Wert für die Triebkraft läßt sich aber auch gewinnen, indem man 5—6% von dem Wert der Keimfähigkeit abzieht. Das Ergebnis ist zwar nicht exakt, genügt aber den Anforderungen, zumal nur einwandfreies Saatgut für Versuchszwecke verwendet wird. Nähere Angaben über die Untersuchung des Saatgutes sind zu finden im Methodenbuch Bd. V: H. EGGEBRECHT: Die Untersuchung von Saatgut, Neumann-Verlag, Radebeul und Berlin.

2. *Abdrehen der Drillmaschine, Errechnen der Sollfallmengen*

Ehe das Drillen eines Versuches beginnen kann, ist die Drillmaschine abzudrehen. Nur so ist die Gewähr gegeben, daß eine ganz bestimmte Saatgutmenge pro Flächeneinheit in die Erde gelangt.

Rechengang beim Abdrehen

Beim Abdrehen der Drillmaschine wird folgendermaßen vorgegangen: Zunächst muß der Umfang des Maschinenrades gemessen und mit der Maschinenbreite multipliziert werden. Daraus ergibt sich die Quadratmeterzahl, die bei einer Radumdrehung der Maschine bedrillt wird. Mit Hilfe dieses Ergebnisses lassen sich nun die Umdrehungszahlen, die zum Besäen von 100 qm erforderlich sind, errechnen, indem man 100 qm durch die bei einer Radumdrehung bedrillte Quadratmeterzahl dividiert.

Beispiel: 2,5 m (Radumfang) × 1,00 m (Maschinenbreite) = 2,5 qm bedrillte Fläche bei einer Radumdrehung

$\frac{100 \text{ qm}}{2{,}5 \text{ qm}}$ = 40 Umdrehungen sind für 100 qm Drillfläche bei den angegebenen Maschinenmaßen erforderlich.

Aus einer hochgebockten Maschine muß also bei 40 Umdrehungen des Rades die für 100 qm errechnete Sollfallmenge gefallen sein. Sonst ist die Maschine entsprechend einzustellen. Wenn z. B. eine Menge von 220 kg/ha Weizen zur Aussaat kommen soll, dann kommen auf 100 qm 2,2 kg, denn

$$\frac{220 \times 100}{10000} = \frac{220}{100} = 2{,}2$$

Wichtig ist es weiterhin, darauf zu achten, daß beim Abdrehen nur soviel Saatgut in den Drillkasten geschüttet wird wie auch beim tatsächlichen Ausdrillen.

Außerdem soll die Geschwindigkeit der Umdrehungen der tatsächlichen entsprechen. Bei Nichtbeachtung dieser kleinen Hinweise kann die wirklich gefallene Saatmenge zum Teil erheblich von der beim Abdrehen ermittelten abweichen.

Sollfallmenge

Bei Sortenversuchen und allen anderen Versuchen, bei denen Saatgut aus verschiedenen Partien Verwendung findet, genügt ein einmaliges Abdrehen der Aussaatmenge nicht gleichzeitig für alle Sorten bzw. Varianten. Da als Ziel einer gleichmäßigen Aussaat bei jeder Sorte pro Flächeneinheit die gleiche Pflanzenzahl stehen soll, sind vor dem Abdrehen die Sollfallmengen für die einzelnen Sorten unter Berücksichtigung ihrer 1000-Korngewichte und der Triebkraft zu errechnen. Je höher das 1000-Korngewicht und je geringer die Triebkraft, um so größer wird die Sollfallmenge gegenüber der normalen Aussaatmenge bei durchschnittlichen Saatgutwerten sein.

Formel für die Sollfallmenge

Die Sollfallmenge wird nach folgender Formel berechnet:

$$\text{Aussaatmenge je 100 qm} = \frac{a \times c \times 100}{b \times d}$$

Dabei bedeutet: a die ortsübliche Aussaatmenge je 100 qm bei einer Triebkraft = 100,

b das 1000-Korngewicht der Bezugssorte,

c das 1000-Korngewicht der einzelnen Sorte,

d die Triebkraft der einzelnen Sorte.

Als Bezug für das 1000-Korngewicht benutzt man eine Sorte, die den ∅ Werten des 1000-Korngewichtes der Kulturart entspricht.

Der Wert $\frac{a \times 100}{b}$ bleibt für alle Sorten konstant und kann deshalb als Faktor zur weiteren Berechnung benutzt werden. Mit ihm ist der Wert $\frac{c}{d}$ für jede Sorte zu multiplizieren.

Beispiel:
Sorte 1 : 1000-KG = 51; Triebkraft = 98
Sorte 2 : 1000-KG = 49; Triebkraft = 92
Sorte 3 : 1000-KG = 45; Triebkraft = 89

Als Bezugssorte dient Sorte 2, die dem Durchschnitt der Kulturart entspricht. Zunächst wird nun der Faktor für eine ortsübliche Aussaatmenge von 180 kg/ha = 1,8 kg/100 qm errechnet:

$$\frac{a \times 100}{b} = \frac{1,8 \times 100}{49} = 3,67$$

Mit den gefundenen Faktoren multipliziert man $\frac{c}{d}$

für Sorte 1: $\frac{51}{98} \times 3,67 = 1,91$ kg/100 qm.

für Sorte 2: $\frac{49}{92} \times 3,67 = 1,95$ kg/100 qm.

für Sorte 3: $\frac{45}{89} \times 3,67 = 1,86$ kg/100 qm.

Auf diese Art und Weise ergeben sich die Sollfallmengen für die 3 Sorten. Nun kann das Abdrehen der Drillmaschine beginnen, in diesem Fall für jede Sorte gesondert. Die errechneten Werte der Sollfallmenge, ebenso die Einstellung der Drillmaschine, hält man in einer Aussaatliste fest. Das Saatgut wird vor und nach dem Drillen gewogen. Aus der Differenz der beiden Gewichte läßt sich unter Berücksichtigung der tatsächlich vollgedrillten Fläche die wirklich gefallene Saatmenge errechnen. Der nach dem Drillen verbliebene Saatgutrest wird zweckmäßigerweise zunächst noch eine Weile an einem sicheren Ort aufbewahrt, bis an der aufgegangenen bzw. geschoßten Saat feststellbar ist, daß Drillfehler oder Sortenverwechslungen nicht vorliegen.

3. *Praktische Durchführung der Aussaat*

Parzellen-Drillmaschine

Nachdem Anlage und Saatgut genügend vor- und aufbereitet sind, kann die Aussaat beginnen, wenn irgend möglich, mit einer Parzellendrillmaschine (1 m Breite). Die gut beschrifteten Saatgutbeutel werden in der a-Wiederholung vor die einzelnen Parzellen gelegt. An Hand des Planes erfolgt anschließend nochmals eine Überprüfung dieses Auslegens, um Verwechslungen zu verhindern. Zuerst drillt man dann die Ränder, die sonst bei einer Hintereinander-Anordnung der Wiederholungen durch das häufige Wenden für die Aussaat zu fest werden. Das Drillen der Parzellen beginnt unter ständiger Beachtung des Planes (vor allem bei zufälliger Verteilung!) mit der ersten Variante von links. Bei 2 m-Parzellen wird in sämtlichen Wiederholungen die linke Seite der Parzelle 1 gedrillt und auf dem Rückwege erst die rechte. Danach ist die Maschine sauber zu entleeren. Die gleiche Arbeit wiederholt sich jetzt bei sämtlichen Varianten.

Beim Fahren mit der Parzellendrillmaschine ist auf genaues Steuern zu achten. Bei jeder Parzelle wird von vorn nach hinten auf dem Schnurstrich gefahren und auf dem Rückwege stets auf der Radspur.

Nach beendetem Drillen soll der Verantwortliche nochmals über den Versuch gehen und prüfen, ob nicht beim Drillen eine Parzelle vergessen wurde oder sonst ein Fehler entstanden ist.

Wirtschaftsdrillmaschine

Bei Großversuchen wird man wohl aus praktischen Erwägungen in der Regel mit großen 2-m-Wirtschaftsdrillmaschinen arbeiten. Hierbei dürfen aber nur wirklich exakte und gleichmäßig drillende Maschinen herangezogen werden. Auf alle Fälle ist die Arbeitsweise der einzelnen Drillschare durch eine hinter der Maschine gehende Person ständig zu überprüfen. Drillfehler und ihre Auswirkung dürfen in Feldversuchen, gleichgültig ob mit Parzellen- oder Wirtschaftsmaschine ausgesät, nicht vorkommen.

V. ARBEITEN WÄHREND DER VEGETATION

1. *Saatenpflege und Düngung*

Art der Pflege

In den Versuchen sind grundsätzlich die gleichen Pflegemaßnahmen wie beim Anbau auf Großflächen vorzunehmen. Dabei versteht es sich von selbst, daß auf kleinen Parzellen entschieden sorgfältiger gearbeitet werden muß. Obwohl auch im Versuchswesen die Mechanisierung vorangetrieben wird und außerdem aus bekannten Gründen die Technik der Pflegearbeiten im Versuch ähnlich der des Wirtschaftsschlages sein soll, dürfte bei den Arbeiten doch noch vermehrt die Handhacke notwendig sein. Ganz besonders in exakten Feldversuchen ist die gesamte Fläche gleichmäßig unkrautfrei zu halten.

Diese Notwendigkeit ergibt sich schon allein aus der Unmöglichkeit, in allen Parzellen eine gleiche Beeinflussung durch den Unkrautbesatz zu erhalten. Aus ähnlichem Grunde müssen die Pflegearbeiten so durchgeführt werden, daß alle Parzellen in möglichst kurzer Zeit, zumindest aber ohne Unterbrechung, bearbeitet werden.

Die Pflegemaßnahmen haben bereits kurz nach der Aussaat zu beginnen, um in den einzelnen Varianten einen gleichmäßigen Aufgang und damit die Voraussetzungen für einen einheitlichen Bestand zu schaffen. Genau wie auf der Großfläche dürfte auch hierbei die Anwendung von Egge und Cambridgewalze wertvolle Hilfe leisten. Gleichgültig welche Pflegemaßnahmen vorgenommen werden, immer ist folgender Grundsatz zu beachten: Alle Parzellen eines Versuches müssen während der gesamten Vegetation, abgesehen von der Verschiedenheit der Versuchsfragen, gleichen Einflüssen ausgesetzt sein.

Einzelabdüngung der Parzellen

Damit bei der Düngung der Versuche keine allzu starken Fehlerquellen auftreten, sollen die verschiedenen Düngermengen möglichst gleichmäßig verteilt werden. Über die Durchführung der Grunddüngung wurde bereits geschrieben. Die Kopfdüngung mit den etwas schneller wirkenden Stickstoffdüngern erfordert ein ganz besonders sorgfältiges Vorgehen. Größte

Sicherheit für ein genaues Arbeiten bietet hierbei zweifellos das Einzelabdüngen der Parzellen. Es versteht sich von selbst, daß diese Methode bei den Düngungsversuchen unbedingt anzuwenden ist. Aber auch bei allen anderen Versuchen lohnt es sich, trotz des etwas größeren Arbeitsaufwandes, den Kopfdünger für jede Parzelle getrennt auszustreuen. Für eine besonders sorgfältige Arbeit oder bei nicht ganz windstillem Wetter empfiehlt es sich, die Düngermenge mit etwas Boden der jeweils abzudüngenden Parzelle zu mischen, um auf alle Fälle ein Verwehen von Dünger zu vermeiden, wie ja überhaupt ganz besonders darauf zu achten ist, daß beim Bestreuen der Parzelle nicht Dünger auf die Nachbarparzelle fällt.

Düngermengenberechnung

Die Berechnung der für die Parzelle abzuwiegenden Düngermenge erfolgt unter Berücksichtigung des Nährstoffgehaltes nach folgender Formel:

$$\frac{\text{anzuwendende Menge Reinnährstoff/ha} \times \text{Parzellengröße}}{100 \times \text{\%-Gehalt des Düngers an Reinnährstoffen}} = \text{abzuwiegende Düngermenge}$$

Beispiel: Eine Parzelle von 25 qm soll eine Stickstoffdüngung von 60 kg/ha N in Form von Kalkammonsalpeter erhalten. Der durch Analyse ermittelte Stickstoffgehalt des Kalkammonsalpeters beträgt 20,5% N. Es ergibt sich nach der Formel folgende Berechnung:

$$\frac{60 \times 25}{100 \times 20{,}5} = \frac{15}{20{,}5} = 0{,}731 \text{ kg}$$

Die abzuwiegende Menge Kalkammonsalpeter beträgt in diesem Falle 0,731 kg. Für jede Parzelle des Versuches wird die benötigte Düngermenge abgewogen und in einen kleinen Düngerbeutel, z. B. mit den Maßen 30 × 20 cm, gebracht. An den Beuteln werden Papieretiketten mit genauen Angaben über Düngermenge und Parzellenbezeichnung befestigt. Vor dem Streuen erfolgt eine Verteilung sämtlicher Beutel auf die einzelnen Parzellen, was anschließend einer nochmaligen Überprüfung auf die Richtigkeit hin bedarf, um alle Verwechslungen auszuschalten.

Das Ausstreuen der geringen Düngermengen geschieht am besten aus kleinen Schalen und unter sorgfältigstem Arbeiten beim Auswerfen mit der Hand. Anschließend ist genau nachzuprüfen, daß keine Reste im Düngerbeutel verblieben sind.

2. Die wichtigsten Vegetationsbeobachtungen

Solange man bei einem Versuch nur auf die Erträge zurückgreifen kann, bleibt die Auswertung immer mangelhaft. Ein Versuch wird erst dann wirklich wertvoll, wenn sich die Ertragszahlen im Zusammenhang mit einer Beurteilung des gesamten Wachstumsverlaufes betrachten lassen. Deshalb ist es notwendig, sich auch an dieser Stelle mit den für die Auswertung der Ergebnisse so wichtigen Beobachtungen während der gesamten Vegetation zu befassen.

Aufgang der Saaten

Die erste Beobachtung gilt dem Aufgang der Saaten. Eine Parzelle wird dann als aufgegangen bezeichnet, wenn mindestens 50% der jungen Pflanzen vorhanden sind. Bei Kartoffeln ist die Feststellung des Aufganges nicht ganz so einfach wie bei den übrigen Kulturen. Man wartet hier, bis etwa 50% der Pflanzen den Boden durchbrochen haben. Ähnlich liegen die Verhältnisse auch bei Mais und Bohnen. Etwa 2—3 Wochen nach dem Aufgang findet eine Gesamtbeurteilung des Versuches statt, wobei die Gleichmäßigkeit des Bestandes und die Jugendentwicklung der Pflanzen besondere Merkmale darstellen. Bei dieser Beurteilung wie bei allen folgenden wird das nachstehende Schema zu Grunde gelegt: **Jugendentwicklung und Gesamtbeurteilung**

1 = sehr gut
2 = gut
3 = ausreichend
4 = schlecht
5 = sehr schlecht

Objektivität des Urteils Vor dem Festlegen der Einzelbonitäten für die Parzellen verschafft man sich einen Gesamteindruck über den Versuch. Zur Gewinnung eines objektiven Urteils sollten während des Bonitierens die Fragestellungen des Versuches unberücksichtigt bleiben und möglichst sogar Decknummern zum Notieren der Beobachtungsergebnisse dienen. Fehlstellen, bedingt durch schlechten Aufgang oder tierische Schädlinge, sind zu vermerken.

Pflanzenkrankheiten Besondere Aufmerksamkeit verdient hier noch das Beurteilen von Pflanzenkrankheiten im Bestand. Ihr Auftreten soll in der entsprechenden Spalte aufgezeichnet und das Bonitieren möglichst nach folgendem Schema vorgenommen werden:

1 = nicht befallen
2 = leicht befallen
3 = mittelstark befallen
4 = stark befallen
5 = sehr stark befallen

Die Bonitierung des Krankheitsbefalles der Kartoffeln weicht davon ab. Das Auftreten von Abbaukrankheiten und der Befall mit Phytophthora werden nach besonderem Schema ausgewertet. Darauf soll aber in diesem Zusammenhang nicht weiter eingegangen werden. (Siehe SCHLEUSENER-SCHERZ: Ratgeber für Pflanzkartoffelerzeuger. Zentralverlag, Berlin.)

Photographie Ein äußerst wichtiges Hilfsmittel für das Festhalten bestimmter Eigenarten und Wachstumsunterschiede zwischen den Varianten bietet die Photographie. So stellen Ertragszahlen, Bonitäten und das „Bild“ erst ein einheitliches Ganzes dar, dessen Vorhandensein für eine umfassende Auswertung unerläßlich ist.

VI. ERNTE

Höhepunkt und Endziel der gesamten Versuchsanstellung ist die Feststellung der Ernteerträge. Durch nachlässiges Arbeiten bei der Ernte der Versuche wird die Arbeit eines ganzen Versuchsjahres zunichte gemacht. Schon allein hieraus ergibt sich die Notwendigkeit, bei diesem letzten Arbeitsabschnitt der Versuchsdurchführung ganz besonders sorgfältig vorzugehen. Zur Besprechung der einzelnen Ernteverfahren sollen diese zweckmäßig eine Anordnung nach Fruchtarten erhalten.

Die Mahd von Kleinversuchen

a) Die G e t r e i d e v e r s u c h e werden im allgemeinen mit der Sense gemäht. Ehe die Ernte der eigentlichen Parzellen beginnt, mäht man die Ränder des Versuches, um besseren Zugang zu den einzelnen Parzellen zu bekommen. Daher ist ratsam, auf diesen Stellen möglichst frühreifende Kulturen bzw. Sorten anzubauen. Die Ernte der einzelnen Varianten erfolgt dann zum gleichen Zeitpunkt oder, wenn notwendig, je nach ihrem Reifegrad. Am besten eignen sich zur Mahd 2 m breite Parzellen, da sich diese mit der Sense mit einem Schwad erfassen lassen.

Die Mahd von Großversuchen

Bei all den Versuchen (Fruchtfolge, Anbautechnik u. ä.), die unbedingt eine Bearbeitung entsprechend den Verhältnissen der Praxis erhalten sollen, benutzt man große Anlageparzellen. Daher sind bei der Ernte, in der Hauptsache zur Senkung des Arbeitsaufwandes, entsprechend kleine Ernteparzellen aus der Anlageparzelle herauszuschneiden. Es ist bei diesem Verfahren richtig, erst die Ernteparzelle zu mähen und anschließend die übrige Fläche abzuernten.

Die Trocknung

Die einzelne Ernteparzelle wird mit der Sense gemäht und in gleichmäßigen Garben gebunden. Diese Garben werden mit einem Garbenband an einem Erntepfahl zusammengebunden und mit dem Etikett der Parzelle versehen. Das Zusammenbinden geschieht zur Vermeidung von Ungenauigkeiten durch Ernteverluste und bei stärkerem Wind als Schutz gegen das Umfallen der Garben. Bei dem Einschlagen der Erntepfähle ist darauf zu achten, daß diese nicht dicht nebeneinander stehen. Es ist ratsam, die Pfähle abwechselnd an die eine und die andere Schmalseite der Parzelle zu setzen. Die Ernte der Ränder darf nur auf diesen selbst aufgestellt werden, um Verwechselungen mit den eigentlichen Parzellen-Garben zu vermeiden.

Bergung des Erntegutes

Nach ausreichendem Abtrocknen der Garbenbunde erfolgt der Drusch mit der fahrbaren Parzellendreschmaschine an der Versuchsfläche. Müssen die Garben eingefahren, d.h. zu einer stationären Dreschmaschine transportiert werden, dann hat sich das Einholen mit großen Erntesäcken (2,10 × 1,70 m) am besten bewährt. Die Garben einer Ernteparzelle kommen, zur Vermeidung von Körnerverlusten, vorsichtig vom Erntepfahl losgebunden, mit den Ähren zuerst in den Erntesack. Die Stiegenstellen werden sorgfältig nachgeharkt und das Geharkte mit in den Erntesack gepackt. Außerdem ist das Etikett noch in den Sack zu stecken, der nun mit Bindfaden und einem Anhänger mit nochmaliger Bezeichnung der Parzelle zugebunden und dann zur Druschstelle gebracht wird. Bei diesem sehr exakten Verfahren ist natürlich der Aufwand an Säcken ziemlich hoch. Für einen einfachen Sortenversuch mit 6 Varianten und 6 Wiederholungen sind bereits 36 Erntesäcke notwendig. Daher stellt in der Praxis zweifellos das Dreschen am Versuchsfeld die geeigneteste Methode dar.

Bevor der eigentliche Drusch beginnt, wird zunächst der Parzellengesamtertrag festgestellt. Es werden also die ganzen Garben auf einer Dezimalwaage gewogen (genauer ist das Wiegen ohne Parzellensack in einer Muldenwaage).

Drusch mit der Parzellendreschmaschine

Beim Dreschen mit der Parzellendreschmaschine ist darauf zu achten, daß das Getreide langsam eingelassen und gut ausgedroschen wird, um die Fehlerquellen möglichst gering zu halten. Das festgestellte Körnergewicht und das bereits vorher ermittelte Gesamtgewicht der Parzelle werden in die speziell hierzu eingerichtete Druschliste eingetragen.

Behelfsmäßiger Drusch mit der Wirtschaftsdreschmaschine

Bei der Versuchsanstellung in der Praxis steht oft, zumindest in den Anfangsjahren, überhaupt keine Parzellendreschmaschine zur Verfügung. In derartigen Fällen wird dann meist auf die im Wirtschaftsbetrieb des Versuchsanstellers vorhandene Dreschmaschine zurückgegriffen. Der Arbeitsgang ist dabei folgender:
Die Gesamterträge (Stroh und Korn) der einzelnen Parzellen sind zunächst getrennt festzustellen. Daraufhin werden die Ernten der einzelnen Wiederholungen einer Variante zusammengelegt und mit der Maschine ausgedroschen. Unter der Voraussetzung, daß sämtliche Arbeiten äußerst sorgfältig vorgenommen worden sind, erhält man bei diesem Gesamtdrusch der Varianten einen Körnerertrag, der dem nach dem zuerst geschilderten Verfahren (getrennter Drusch der Teilstücke) gleichkommt. Somit können bei dieser Methode wohl die Erträge und damit die Ertragsunterschiede zwischen den einzelnen Varianten als richtig angesehen werden, die Fehlerberechnung wird aber in jedem Falle ungenau sein, so daß dieses Druschverfahren nur als Notbehelf zu werten ist.

Um den Fehler über den Kornertrag berechnen zu können, ist das erdroschene Korngewicht der Variante entsprechend den festgestellten Gesamtgewichten der Teilstücke prozentual auf diese aufzuteilen. Man geht also davon aus, daß das Korn-Stroh-Verhältnis in allen Wiederholungen gleich ist. Hier liegt bereits der erste große Fehler. Weiterhin ist das Gesamtgewicht des Teilstückes (Stroh mit Korn) mit so viel Nebenbestandteilen (Unkrautbesatz, ungleichlanges Stroh, anderer Wassergehalt usw.) verschieden stark behaftet, so daß auch deshalb die Fehlerberechnung ein vollkommen unzutreffendes Bild ergibt. Damit sei gesagt, je exakter die Versuchsdurchführung, je besser der Stand des Versuches bezüglich Unkrautbesatz, Lager, Fehlstellen, um so eher besteht die Möglichkeit, eine Anwendung dieser Methode notfalls zu vertreten. Es muß also in jedem Falle den Erfahrungen und Kenntnissen des Versuchsleiters überlassen bleiben, ob unter den vorhandenen Umständen ein derartiges Vorgehen gerechtfertigt ist. Aber auch in den günstigsten Fällen kann man nur von einer Behelfsmethode sprechen, die keinen Anspruch auf Genauigkeit erheben darf.

Probenahme zur Laboratoriumsuntersuchung

Beim Dreschen und Aufarbeiten der Parzellenernten erfolgt die Probenahme für die Untersuchungen der Ernteprodukte im Laboratorium. Hierfür ist immer ein gleichgroßer Anteil aus dem Erdrusch jeder Wiederholung zu entnehmen, um eine gute Durchschnittsprobe zu bekommen. Falls der Drusch wegen eines Gewitterregens unterbrochen und ein Teil der Wiederholungen einer Variante nach dem Regen gedroschen wurde, muß in diesem Falle noch eine zweite Probe für die Trockensubstanzbestimmung gezogen werden. Von den Proben (100 g) lassen sich dann im Laboratorium die verschiedenen Analysen durchführen, zumindest aber immer eine Bestimmung des Trockensubstanzgehaltes.

Der Transport zu dem untersuchenden Institut soll in einer luftdicht verschlossenen Glasflasche (Gummistopfen oder eingeschliffener Glasstopfen) erfolgen, damit die Proben vor der Untersuchung nicht austrocknen.

Falls nur die Bestimmung des Trockensubstanzgehaltes vorgesehen ist, kann diese Untersuchung auch bei einem nahegelegenen Erfassungs- und Aufkaufsbetrieb (VEAB) oder einer Bäuerlichen Handelsgenossenschaft (BHG), die mit den erforderlichen Geräten ausgerüstet sind, erfolgen. Der Versuchsleiter spart dabei lange Transportwege und kommt schneller zu den Trockensubstanzwerten.

b) Ölfrucht- und Leguminosenversuche werden in gleicher Weise geerntet, gedroschen und aufgearbeitet. Bei Ölfrüchten reicht im allgemeinen ein Druschgang nicht aus, da die Spreuanteile meist zu hoch sind. Vor der endgültigen Feststellung des Gewichtes sind daher die Körner mit einer Windfege zu reinigen. Bei den großkörnigen Leguminosen wendet man eine geringere Tourenzahl der Druschtrommel an und schraubt bei Stiftendreschern einen Teil der Stifte heraus, um ein Zerschlagen der Körner zu vermeiden. Im übrigen ist der Arbeitsgang der gleiche wie bei den Getreidearten.

Grünmassenfeststellung

c) Um möglichst natürliche Verhältnisse zu bekommen, werden bei den Futterbauversuchen oft ziemlich große Anlageparzellen gewählt (50 bis 100 qm). Damit der Arbeitsaufwand bei der Ernte nicht allzu hoch wird, schneidet man aus dieser Fläche kleinere Ernteparzellen heraus. 20 qm dürften dabei schon vollkommen ausreichen. Nach der Mahd der Parzellen mit Hilfe einer Sense wird das Gewicht des geernteten Grünfutters sofort mit einer fahrbaren Waage festgestellt (Dezimalwaage, deren Plattform durch ein Gatter oder eine Lattentür verbreitert wurde, auf Handwagen). Entgegen der Gepflogenheiten in der Praxis dürfen bei Versuchen Futter- und Grünlandflächen niemals im Tau oder nach dem Regen gemäht werden, da in diesem Fall die Grüngewichtsfeststellungen und die Ermittlung der Trockensubstanzwerte infolge der anhaftenden und leicht abfallenden Wassertropfen sehr ungenau sind. Für die exakte Trockensubstanzbestimmung wird aus sämtlichen Wiederholungen genügend Grünmasse entnommen, gehäckselt und in Proben von je 500 g getrocknet. Die Arbeiten im Laboratorium erfordern je Variante 3 Proben zu 500 g. Wenn bei einem Grünfutterversuch neben den Ertragsfeststellungen nur die Anteile an lufttrockener Masse für die Heuertragsberechnung und keine weiteren Untersuchungen auf Nährstoffgehalt notwendig sind, so werden von der gehäckselten Durchschnittsprobe jeder Variante — das Häckseln läßt sich auch mit einem Hackmesser oder mit einem Beil durchführen — genau 2 kg abgewogen und beim Versuchsansteller getrocknet. Das Trocknen erfolgt zunächst ausgebreitet und später in aufgehängten luftigen Säcken. Diese verhältnismäßig großen Proben dienen, nach dem Trocknen mit einer guten Topfwaage zurückgewogen (1 g Wiegegenauigkeit), zur Ermittlung des Heuanteils.

Kartoffelrodung

d) Die Ernte der Kartoffelversuche erfordert kaum irgendwelche speziellen Maßnahmen. Es ist nur darauf zu achten, daß auch wirklich alle Kartoffeln beim Roden erfaßt werden. Da dies wohl immer noch am besten durch Handarbeit zu erreichen ist, wird bei Versuchen mit Hilfe des Karstes geerntet. Das Wiegen der Parzellenerträge geschieht am zweckmäßigsten am Versuchsfeld mit einer Dezimal- oder noch besser einer Muldenwaage.

Zur Probenahme für die Stärkebestimmung benutzt man 2×5 kg aus Stichproben von sämtlichen Wiederholungen. **Probenahme zur Stärke- und Trockensubstanzbestimmung**

e) Auch die Ernte der Rübenversuche weist keine größeren Besonderheiten auf. Im Vordergrund steht wie immer nur die sorgfältige Durchführung aller Arbeiten. Einen besonderen Aufwand bedeutet allerdings das auf keinen Fall zu unterlassende saubere Abputzen der Rüben. Bei einem nachlässigen Vorgehen können hier verständlicherweise sehr hohe Fehler auftreten. In Instituten mit entsprechenden Anlagen wird daher die gesamte Parzellenernte in die Arbeitsräume eingefahren, und hier werden die Rüben erst gewaschen, dann gewogen und für die Analysen weiterverarbeitet.

Bedingt durch die verschiedensten Ursachen entsteht während der Vegetation bei den Rübenversuchen eine mehr oder weniger hohe Zahl von Fehlstellen, die das Parzellengewicht positiv oder negativ beeinflussen können. Hier sei nicht näher auf das Für und Wider und die Berechtigung der Anwendung verschiedener Ausgleichsverfahren eingegangen. Lediglich die Möglichkeit einer Beeinflussung des Ertrages durch die Fehlstellen soll hier herausgestellt und die Anwendung von Verfahren zur Ausschaltung dieses Fehlers kurz erläutert werden. **Fehlstellenberücksichtigung**

Vor der Ernte sind die Fehlstellen je Teilstück genau auszuzählen. Läßt sich hierbei feststellen, daß ihr Anteil in den einzelnen Teilstücken 12% überschreitet, so ist der Versuch für eine exakte Auswertung unbrauchbar. Trotzdem wird aber aus naheliegenden Gründen in den meisten Fällen das Versuchsmaterial, wenn auch unter Vorbehalt, verwendet.

Liegt dagegen der Fehlstellenunterschied zwischen den Teilstücken nicht höher als 4%, z. B. zwischen 5 und 9%, 6 und 10%, dann wird bei der Ertragsfeststellung ohne Berücksichtigung der Fehlstellen gearbeitet.

In allen anderen Fällen müßte eine Berücksichtigung der Fehlstellen erfolgen. Bei dem sogenannten Normalrübenernteverfahren werden zur Ertragsfeststellung nur die Rüben herangezogen, die keiner Fehlstelle benachbart sind („Normalrüben"). Um gleich zu erkennen, ob die erforderliche Anzahl von mindestens 80 Normalrüben auf dem betreffenden Teilstück vorhanden ist, kennzeichnet man vor dem Roden sämtliche als Normalrüben in Frage kommenden Pflanzen (mit Stäben). Die Rodung der übrigen Rüben, die also neben Fehlstellen stehen, geschieht vor der eigentlichen Ernte der Normalrüben. Dadurch ist jede Möglichkeit der Verwechslung von vornherein ausgeschaltet. Das endgültige Parzellengewicht errechnet sich dabei aus der Multiplikation des Durchschnittsgewichtes der Normalrüben mit dem Sollbestand der Pflanzen je Teilstück. **Normalrübenernteverfahren**

Dieses Verfahren erfordert jedoch einen außerordentlich großen Arbeitsaufwand, der in keinem Verhältnis zum Erfolg steht, da nach neueren Untersuchungen der Einfluß der Fehlstellen auf den Ertrag der Nachbarrüben unterschiedlich ist (abhängig vom Zeitpunkt des Auftretens der Fehlstellen). Deshalb ist es genau so richtig, vor der Ernte die Fehlstellen und die Zahl der auf dem Teilstück stehenden Rüben auszuzählen und sämtliche Rüben zur Gewichtsfeststellung heranzuziehen. Die Ausschaltung des

Einflusses der Fehlstellen erfolgt dann durch Multiplikation des Durchschnittsgewichtes der Rüben mit dem Sollbestand der Pflanzen je Teilstück.

Ferner kann durch besondere Rechenverfahren (s. Feldversuchstechnik S. 62; oder Kovarianzanalyse) die Ausschaltung des Einflusses der Fehlstellen erfolgen.

Der hier geschilderte Einfluß der Fehlstellen tritt auch bei den Kartoffelversuchen auf. Bei sorgfältiger Versuchsdurchführung ist er aber meist so gering, daß er nur in ganz seltenen Fällen Berücksichtigung finden muß, und daher sei hier auch nicht weiter darauf eingegangen.

Hiermit sind die wichtigsten für eine ordentliche Versuchsernte notwendigen Grundregeln aufgezeigt. Allerdings werden nicht überall gleich die dazu erforderlichen technischen Einrichtungen vorhanden sein. Der Versuchsdurchführende ist daher oft gezwungen, zu improvisieren und sich einfachster Hilfsmittel zu bedienen. Je mehr er aber die gesamte Materie beherrscht und somit alle Gefahren und Fehlerquellen kennt, um so besser und erfolgversprechender wird er sich einfacher Methoden bedienen können.

VII. FESTHALTEN DER BEOBACHTUNGEN UND ERTRAGSFESTSTELLUNGEN

1. Versuchslegende

Die spätere Auswertung und Beurteilung eines Versuches oder einer Versuchsserie erfordert genaue und ausführliche Angaben über die allgemeinen Verhältnisse, unter denen der Versuch aufgewachsen ist. Solche Aufzeichnungen, auch Versuchslegende genannt, umfassen Bodenart, Klima, Vorfrucht, Düngung, Aussaat, Pflege usw. Sie werden am zweckmäßigsten in ein Formblatt eingetragen. Dies bietet die Gewähr, daß wichtige Angaben nicht unberücksichtigt bleiben.

Beobachtungsbogen

Bei den Instituten für Landwirtschaftliches Versuchs- und Untersuchungswesen sind deshalb folgende Beobachtungsbogen in Gebrauch (siehe Seite 43 und 44).

Zu einzelnen Punkten, bei denen Unklarheiten bestehen könnten, seien einige Hinweise gegeben.

Bodenart

Zu 1. a) Bodenart, Wertzahl: Hier sind die Ergebnisse der Reichsbodenschätzung zu verwenden und die entsprechenden Bezeichnungen einzusetzen, z. B. Sl 3 D 32/30. Durch die Reichsbodenschätzung wurden alle Böden der DDR erfaßt. Sollte der Versuchsansteller nicht über entsprechende Unterlagen verfügen, so können diese beim Rat des Kreises bzw. auch beim Rat der Gemeinde eingesehen werden.

Zu 1. d) Oberflächengestaltung: Hierher gehören Vermerke darüber, ob das Feld eben, gewellt oder hängig und nach welcher Richtung es geneigt ist.

Bodenuntersuchung

Zu 2. Bodenuntersuchung: Vor Anlage des Versuches wird an der betreffenden Stelle des Feldschlages eine Bodenprobe gezogen, wie bereits im Abschnitt II, 3 beschrieben und an das zuständige Institut für Landwirtschaftliches Versuchs- und Untersuchungswesen eingesandt. Wurde die

Vorderseite:

Vers.-Nr.: ____________

Vers.-Art: ____________

Ernte 195__

____________	____________
Versuchsfrucht	**Sorte, Anbaustufe**
Bezirk	**Versuchsansteller**
	Versuchsleiter
Kreis, Ort, Post- und Bahnstation	**Versuchstechniker**

1. a) Bodenart, Wertzahl: b) Untergrund:
   c) Grundwasserstand: d) Oberflächengestaltung:
2. Bodenuntersuchung: a) pH-Zahl: b) P_2O_5 mg: c) K_2O mg:
   d) Methode Untersuchungsjahr: 195__
3. Durchschnittlicher Jahres-Niederschlag mm: Höhe über NN:
4. Vorfrucht: Ertrag dz/ha:
   Düngung dz/ha (Art):
5. Letzte Stallmistdüngung Jahr 195__ ____________dz/ha
6. Letzte Gründüngung Jahr 195__ ungef. untergepfl. Masse____________dz/ha
   Art:____________ ungef. Ertrag____________dz/ha
7. Letzte Kalkung Jahr 195__
   Art:____________ ____________dz/ha
8. Aussaat am: kg/ha Reihen-(Pflanz)Weite:__________cm
9. Bodenbeschaffenheit bei Aussaat:
10. Saatenpflege:
11. Höhe, Art, Zeit und Unterbringung der Düngung:

	Datum	Art des Düngemittels	Reinnährstoffe in kg/ha	Bemerkungen (Unterbringung)
N				
P_2O_5				
K_2O				
Kalk (CaO)				
Stallmist				

Rückseite:

13. Lageplan (N-Richtung angeben):

Parzellengröße: Anlage: Länge________ m, Breite________ m = ________ m²

Ernte: Länge________ m, Breite________ m = ________ m²

Zahl der Sollpflanzstellen (Erntefläche):

Anlagemethode: Zahl der Wiederholungen:

14. Raum für Notizen (Verlauf der Jahreswitterung und sonstige Besonderheiten):

---

systematische Bodenuntersuchung auf dem Versuchsschlag in demselben oder im Vorjahr durchgeführt, so lassen sich auch diese Ergebnisse mit heranziehen. Sie sind auf den in jedem Betrieb vorliegenden Nährstoffkarten zu finden. Der Beobachtungsbogen soll außerdem einen Vermerk über die Untersuchungsmethode enthalten. Die systematische Bodenuntersuchung erfolgt nach Egnèr-Riehm.

Niederschläge Zu 3. Durchschnittlicher Jahres-Niederschlag in mm: Liegen lückenlose Aufzeichnungen aus langjährigen eigenen Niederschlagsmessungen am Versuchsort vor, so können diese eingetragen werden. Andernfalls ist es besser, die durchschnittliche Jahres-Niederschlagsmenge für den Versuchsort bei der nächstliegenden Wetterwarte zu erfragen. Die Höhe über NN wird am zweckmäßigsten aus einer Karte (Meßtischblatt 1 : 25 000 o. ä.) entnommen. Auch an Bahnhofsgebäuden ist die Höhe über NN angegeben, die Meereshöhe des Feldschlages läßt sich daraus durch Zu- oder Abschläge annähernd ermitteln.

Aussaatmenge Zu 8.: Neben dem Aussaatdatum wird hier die Aussaatmenge in kg/ha vermerkt, bei Sortenversuchen die Normal-Aussaatmenge, die der Berechnung der einzelnen Aussaatstärken zugrunde lag. Die verschiedenen Aussaatstärken der Sorten werden auf den Innenseiten des Beobachtungsbogens aufgeführt.

Lageplan Zu 13. Lageplan: Aus einer einfachen Skizze muß die Lage der einzelnen, mit Ziffern und Buchstaben (1a, 2a, 3a ...) bezeichneten Parzellen zu ersehen sein. Zur besseren Orientierung ist außer dem Nordpfeil auch noch die Lage des Zugangsweges anzugeben.

Witterungsverlauf Zu 14. Raum für Notizen: Hier sollte unbedingt eine kurze Beurteilung des Versuches notiert und dabei der Witterungsverlauf und besonders sonstige Einflüsse und ihre Auswirkungen auf den Versuch berücksichtigt werden. Bei der Darstellung des Witterungsverlaufes genügt es, markante und abnorme Perioden hervorzuheben, wie starke Fröste (besonders Kahlfröste), offene Perioden oder starke Schneedecke im Winter, besonders starke Regenperioden, Wolkenbrüche, extreme Trockenheit, Hitze- und Kälteperioden im Sommer.

2. Bonitierungen und Ertragsfeststellungen

Durch sorgfältiges Bonitieren lassen sich später bei der Auswertung des Versuches Unstimmigkeiten klären und Trugschlüsse vermeiden. Deshalb ist es erforderlich, jede Einzelparzelle zu beurteilen und bei extremen Abweichungen nicht nur die Bonitierungszahl, z. B. 5, sondern auch den Grund des schlechten Standes, z. B. Mäuseschaden, zu notieren. Zum Aufschreiben dient die Beobachtungs- und Erntetabelle auf den beiden Innenseiten der bereits erwähnten Beobachtungsbogen. Sie besteht aus freien Längs- und Querspalten. In den Querspalten sollen vorn die Parzellennummern und -bezeichnungen stehen, die Längsspaltenköpfe werden nach Bedarf ausgefüllt. Ein Vordrucken der einzelnen Spalten hat sich nicht bewährt, da die erforderlichen Beobachtungen je nach Fruchtart und Versuchsfrage sehr unterschiedlich sind und sich deshalb zu viel ungenutzte Spalten ergeben würden. Das gleiche gilt für die Ertragsfeststellungen, für die ebenfalls Leerspalten zum Eintragen vorgesehen sind. **Beobachtungsbogen**

Bei den einzelnen Fruchtarten sind im allgemeinen die folgenden Beobachtungen unbedingt notwendig. Dazu treten oft bei bestimmten Versuchsfragen noch weitere, die dann im Versuchsplan zusätzlich genannt sind.

a) Getreide

Bonitierungen Getreide

Datum des Aufgangs
Beurteilung des Aufgangs (1—5)
Überwinterung (1—5)
Jugendentwicklung (1—5)
Datum des Ähren- bzw. Rispenschiebens
Gesamtbeurteilung des Bestandes (1—5)
Standfestigkeit zur Zeit des Ährenschiebens (1—5)
Standfestigkeit zur Zeit der Reife (1—5)
Krankheiten und Schädlinge (Art und Befallsstärke 1—5)
Datum der Gelbreife
Datum der Ernte
Gesamtgewicht kg/Parzelle
Korngewicht kg/Parzelle
Strohgewicht kg/Parzelle
Korn-Trockensubstanz %

Bei jeder Bonitierung ist grundsätzlich das Datum anzugeben. Als Tag des Aufgangs wird der Zeitpunkt angesehen, an dem mehr als 50% der Pflanzen mit den Keimblättern die Bodenoberfläche durchbrochen haben. Die Beurteilung des Aufgangs erfolgt 10 Tage später. Als Datum des Ähren- bzw. Rispenschiebens gilt der Zeitpunkt, an dem mehr als 50% der Ähren oder Rispen bei den Haupthalmen herausgeschoben sind. Eine Aufstellung der Krankheiten und Schädlinge, auf die beim Getreide besonders zu achten ist, findet sich in den Richtlinien für die Durchführung von Sortenwertprüfungen [2]. Das Korngewicht wird im allgemeinen sofort nach dem Drusch festgestellt, nur bei schlecht reinigenden Dreschmaschinen ist das Getreide vor dem Wiegen zu reinigen. Die Ermittlung des Strohgewichts geschieht nicht durch Wiegen, sondern durch Abziehen des Korngewichts vom Gesamtgewicht (Korn + Stroh). Die Probenahme für die Trockensubstanzbestimmungen wurde bereits im Abschnitt VI besprochen. **Beurteilung des Aufgangs** **Krankheiten** **Korn- u. Stroherträge**

b) Mais

Bonitierung Mais

Datum des Aufgangs	Gesamtbeurteilung des Bestandes (1—5)
Beurteilung des Aufgangs (1—5)	Krankheiten und Schädlinge
Tag des Vereinzelns	Kolbengewicht kg/Parzelle
Jugendentwicklung (1—5)	Korngewicht kg/Parzelle
Erscheinen der Fahnen	Spindelanteil kg/Parzelle
Zahl der Fehlstellen	Korn-Trockensubstanz %
Pflanzenhöhe (cm)	

An Krankheiten und Schädlingen kommen bei Mais besonders Beulenbrand, Maisrost und Maiszünsler vor. Die Brandbeulen werden ständig gezählt und entfernt. Beim Auftreten des Maiszünslers sind die Fahnen (männliche Blütenstände) mit den oberen ein bis zwei Blättern rechtzeitig zu beseitigen. Der Spindelanteil errechnet sich aus der Differenz zwischen Kolben- und Korngewicht.

c) Ölfrüchte (Raps, Mohn, Lein)

Bonitierungen Ölfrüchte

Datum des Aufgangs	Krankheiten und Schädlinge
Beurteilung des Aufgangs (1—5)	Datum der Schnittreife
Überwinterung (1—5)	Datum der Ernte
Jugendentwicklung (1—5)	Gesamtgewicht kg/Parzelle
Blühbeginn	Korngewicht kg/Parzelle
Blühende	Strohgewicht kg/Parzelle
Gesamtbeurteilung des Bestandes (1—5)	Korn-Trockensubstanz %
Standfestigkeit vor der Ernte (1—5)	Rohfettgehalt %

Der Blühbeginn wird eingetragen, wenn sich etwa 10% der Blüten entfaltet haben, das Ende der Blütezeit, wenn nur noch einzelne Pflanzen nachblühen. Die wichtigsten Krankheiten und Schädlinge sind in den Richtlinien zur Durchführung von Sortenwertprüfungen [2] aufgeführt. Die Rohfettbestimmungen erfolgen im Laboratorium.

d) Hülsenfrüchte

Bonitierungen Hülsenfrüchte

Datum des Aufgangs	Krankheiten und Schädlinge
Beurteilung des Aufgangs (1—5)	Datum der Körnerreife
Jugendentwicklung (1—5)	Datum der Ernte
Blühbeginn	Gesamtgewicht kg/Parzelle
Blühende	Korngewicht kg/Parzelle
Gesamtbeurteilung des Bestandes (1—5)	Strohgewicht kg/Parzelle
Standfestigkeit (1—5)	Korn-Trockensustanz %

Blühbeginn und -ende werden wie bei den Ölfrüchten eingetragen. Zu den Krankheiten und Schädlingen siehe Richtlinien für die Durchführung von Sortenwertprüfungen [2].

e) Grünfutterpflanzen und -gemenge

Bonitierungen Grünfutterpflanzen

Datum des Aufgangs	Grünmasse kg/Parzelle
Beurteilung des Aufgangs (1—5)	Lufttrockene Masse %
Jugendentwicklung (1—5)	Trockensubstanz %
Wuchshöhe (cm)	Rohproteingehalt %
Tag der Ernte	

Der Abschnitt VI enthält die Anweisungen zur Probennahme für die Trockensubstanzbestimmungen und chemischen Untersuchungen, die bei Bedarf auf die Weender Vollanalyse ausgedehnt werden. Bei Gemengen sind auf Anforderung botanische Analysen (Feststellung der Anteile der Gemengepartner) durchzuführen.

f) Wiese, Klee, Gräser

Bonitierungen Wiese, Klee, Gräser

Entwicklung im Frühjahr (1—5)
Wuchshöhe (cm)
Beginn der Blüte
Datum des 1. Schnittes

Grünmasse kg/Parzelle
Lufttrockene Masse %
Trockensubstanz %
Entwicklung nach dem 1. Schnitt

Diese Angaben — in gleicher Weise beim 2. und evtl. auch beim 3. Schnitt aufgezeichnet — werden durch Rohproteinbestimmungen und bei Bedarf Vollanalysen von jedem Schnitt ergänzt. Auf Wiesen und bei Kleegrasgemengen kommen noch botanische Analysen hinzu.

g) Kartoffeln

Bonitierungen Kartoffeln

Datum des Auflaufens
Zahl der Fehlstellen (3 Wochen nach Aufgang)

Viruserkrankungen (im Knospenstadium):

Blattrollkrankheit %
schweres Mosaik %
Strichelkrankheit %
Mischinfektionen %
leichtes Mosaik %

Rhizoktonia-Wipfelroller %
Schwarzbeinigkeit %
Beginn der Blüte
Ende der Büte

Datum des Krautabsterbens oder Reifezustand bei der Ernte
Datum der Ernte

Naßfaule Knollen
Schorf (1—5)

Sonstige Mängel
Knollenertrag kg/Parzelle
Knollenanteil unter 4 cm %
Knollenanteil 4—7 cm %
Knollenanteil über 7 cm %

Stärkegehalt

Nähere Ausführungen zum Bonitieren der Kartoffelkrankheiten siehe bei W. Schleusener und H. Scherz: Ratgeber für Pflanzkartoffelerzeuger. 1949, Berlin, Deutscher Zentralverlag [9].

h) Rüben

Bonitierungen Rüben

Datum des Aufgangs
Beurteilung des Aufgangs (1—5)
Datum des Vereinzelns
Jugendentwicklung (1—5) (vor der letzten Hacke)
Zahl der Schosser je Teilstück
Krankheiten und Schädlinge

Anzahl der Pflanzen je Teilstück bei der Ernte
Tag der Ernte
Rübengewicht kg/Parzelle
Trockensubstanz %
Zuckergehalt % (nur bei Zuckerrüben)
Blattgewicht kg/Parzelle

Die bei Rüben zu beachtenden Krankheiten und Schädlinge sind in den Richtlinien zur Durchführung von Sortenwertprüfungen (2) verzeichnet.

VIII. BEURTEILUNG VON FELDVERSUCHEN

1. Allgemeine Beurteilung

Die Anbau- und Aufwuchsbedingungen eines Versuches sind für seine Beurteilung sehr wichtig. Vor allem sollen sie den Verhältnissen in der Praxis entsprechen. So ist z. B. ein Versuch nicht zu verwerten, der bei allen Varianten ungewöhnlich niedrige Erträge brachte, weil etwa Düngung, Bodenkultur oder Pflege unvollkommen waren, auch wenn die Relativzahlen (Prozentzahlen, Verhältniszahlen zu einer Bezugsvariante) erhebliche Ertragsunterschiede aufweisen. Deshalb müssen immer zunächst die absoluten Erträge und dann erst die Relativzahlen betrachtet werden. Diese geben schnell eine Übersicht, bergen aber bei falscher Anwendung auch eine Gefahr in sich, wie obiges Beispiel zeigt.

Relativzahlen

Witterungsverlauf

Auch den Witterungsbedingungen ist bei der Beurteilung Beachtung zu schenken. In einem extrem trockenen Jahr z. B. lassen sich Düngungsmaßnahmen nicht bewerten, da die Düngemittel nicht zur Auswirkung kamen. Aus diesen Beispielen geht die große Bedeutung der Versuchslegende und sorgfältigen Aufzeichnungen über den Witterungsverlauf deutlich hervor.

Werteigenschaften

Der wirtschaftliche Wert einer Prüfvariante (Düngung, Bodenbearbeitung, Sorte usw.) umfaßt nicht nur die Ertragsleistung, sondern auf ihn haben auch andere Eigenschaften Einfluß, wie Jugendentwicklung, Unkrautunterdrückungsvermögen, Standfestigkeit, Krankheitsresistenz, Nährstoffgehalt, Qualitätseigenschaften usw. Deshalb sind u. a. die Wachstumsbeobachtungen besonders wertvoll.

2. Beurteilungsmaßstäbe

Es ist nicht Aufgabe der Feldversuche, die absoluten Ertragsleistungen, sondern vielmehr die Ertragsunterschiede zwischen den einzelnen Versuchsgliedern festzustellen. Die erzielten Erträge liegen im allgemeinen ja auch höher als die der Praxis, da die Versuche optimal gepflegt und gedüngt werden und weil sich vor allem die Hektarertragszahlen aus den Ernten kleiner Parzellen errechnen. Die Beurteilung der Ertragsunterschiede, auf die es also im Feldversuch ankommt, erfordert einen Maßstab für die statistische Sicherheit. Der bisher am häufigsten angewandte mittlere Fehler des Mittels (m bzw, m%; neuere Schreibweise: $s_{\bar{x}}$ bzw. $s_{\bar{x}}$ %) ohne Berücksichtigung der Ertragsunterschiede eignet sich nicht dafür; er ist nur ein Ausdruck für die Schwankungen, also für die Genauigkeit der Erträge der einzelnen Versuchsglieder. Es kommt jedoch darauf an festzustellen, ob eine Ertragsdifferenz statistisch gesichert ist, d. h. ob mit einer bestimmten Wahrscheinlichkeit bei einer Wiederholung des Versuches unter gleichen Bedingungen wieder mit dem Auftreten des Ertragsunterschiedes in derselben Höhe gerechnet werden kann. Im Feldversuchswesen legt man eine Wahrscheinlichkeitsgrenze von 95% zugrunde bzw. eine Grenzwahrscheinlichkeit (P) von 5%. Bei $P = 5\%$ oder geringer ist zu vermuten, daß die Ertragsdifferenz nicht mehr zufallsbedingt, sondern auf das unterschiedliche Verhalten der Versuchsglieder selbst zurückzuführen ist. Zur schär-

Statistische Sicherheit

Grenzwahrscheinlichkeit

feren Beurteilung läßt sich noch eine Grenzwahrscheinlichkeit von $P = 1\%$ und auch noch $P = 0{,}1\%$ anwenden.

Für die Beurteilung von Ernteergebnissen dient der Ertragsunterschied $\bar{d}$ und der Standardfehler (mittlerer Fehler) dieser Differenz ($s_{\bar{d}}$). Das Verhältnis der beiden Werte ergibt den sogenannten t-Wert. **t-Wert**

$$t = \frac{\bar{d}}{s_{\bar{d}}}$$

Er zeigt, um wievielmal die Differenz größer als der dazugehörige Fehler ist. Anhand von Tabellen (Tabelle b im Anhang) läßt sich dann unter Berücksichtigung der Freiheitsgrade feststellen, welcher Wahrscheinlichkeitsgrad zu den t-Werten gehört und ob die Grenzwahrscheinlichkeit von $P = 5\%$ (bzw. 1 % und 0,1 %) überschritten wird oder nicht. Die Freiheitsgrade hängen von der Zahl der Wiederholungen und der Zahl der Versuchsvarianten ab und werden besonders errechnet.

Grenzdifferenz

Dieser sogenannte t-Test gibt also Auskunft darüber, ob und in welchem Maße eine Differenz gesichert ist. Man kann die Frage auch umgekehrt beantworten, und zwar durch das Festlegen der Größe, die eine Differenz aufweisen muß, um bei einer bestimmten Grenzwahrscheinlichkeit gesichert zu sein. Diese Größe heißt Grenzdifferenz (*GD*). Sie ist anschaulich, leicht verständlich und einfach zu berechnen und wird deshalb in den folgenden Berechnungsbeispielen als Maßstab für die Beurteilung von Ertragsunterschieden (bei einer Grenzwahrscheinlichkeit von $P = 5\%$) verwendet.

3. *Errechnung der Grenzdifferenz*

Beurteilung von Ertragsunterschieden

Den einfachsten Maßstab zur statistischen Beurteilung von Ertragsunterschieden stellt also die Grenzdifferenz (*GD*) dar, d. h. die Größe, die eine Differenz (Ertragsunterschied) mindestens aufweisen muß, um statistisch gesichert zu sein. Die Verrechnung eines Versuches mit 3 Varianten, wobei die Variante *1* als Bezugsvariante dient, hat z. B. das folgende Ergebnis gebracht:

	Ertrag dz/ha	relativ	$\bar{d}$ dz/ha
Variante 1	60	100	—
Variante 2	62	103	+ 2
Variante 3	66	110	+ 6
GD 5%	3	5	

Hieraus zeigt sich, daß der Mehrertrag der Variante 2 in Höhe von 2 dz/ha statistisch nicht gesichert ist. Er beträgt weniger als die Grenzdifferenz von 3 dz/ha ($GD_{5\%}$) und gilt deshalb als Zufallsdifferenz. Dagegen läßt sich der Mehrertrag der Variante 3 (6 dz/ha) als statistisch gesichert betrachten, da er $GD_{5\%}$ übersteigt. Er hängt also mit einer 95%igen Wahrscheinlichkeit nicht vom Zufall ab, sondern es handelt sich um eine echte Differenz, die auf Sortenleistung, Düngung, Behandlung usw. beruht. Weiter kann festgestellt werden, daß die Variante 3 auch der Variante 2 gesichert überlegen ist (Ertragsdifferenz 4 dz/ha; $GD_{5\%} = 3$ dz/ha).

Erreehnung der Grenzdifferenz

Die Grenzdifferenz $GD_{5\%}$ wird errechnet, indem man den t-Wert für $P = 5\%$ unter Berücksichtigung der entsprechenden Freiheitsgrade (FG) aus einer Tabelle entnimmt und mit dem Fehler der Differenz ($s_{\bar{d}}$) multipliziert:

$$GD = t \cdot s_{\bar{d}}$$

Über die Berechnung von $s_{\bar{d}}$ und über die zu verwendenden Freiheitsgrade wird in den folgenden Abschnitten noch gesprochen. Die für die GD-Errechnung erforderliche t-Wert-Tabelle befindet sich im Anhang (Tabelle c).

4. Bildung von Ertragsklassen

Einteilung in Ertragsklassen

Ertragsklassen (EK) werden nur bei Sortenversuchen gebildet, um besonders bei umfangreichen Sortimenten einen schnelleren Überblick über das Ergebnis zu erhalten. Die Bezugsbasis ist dabei das Mittel aller geprüften Sorten. Bei der Einteilung in drei Ertragsklassen bedeutet

EK I = die Sorte liegt gesichert über dem Sortenmittel,

EK II = die Differenz der Sorte gegenüber dem Sortenmittel ist nicht gesichert,

EK III = die Sorte liegt gesichert unter dem Sortenmittel.

Bildung der Ertragsklassen

Die Ertragsklassen lassen sich mit Hilfe der GD bilden. Ist z. B. die positive Differenz ($\bar{d}$) einer Sorte größer als die ermittelte Grenzdifferenz (GD), so kann der Mehrertrag dieser Sorte gegenüber dem Sortenmittel als gesichert betrachtet werden, und die Sorte gehört in die Ertragsklasse I. Sind die positiven oder negativen Differenzen geringer als die Grenzdifferenz, so bestehen keine gesicherten Unterschiede gegenüber dem Sortenmittel, und die Sorte gehört in die Ertragsklasse II. Bei negativen Differenzen, die größer als $GD_{5\%}$ sind, erfolgt die Eingruppierung in die Ertragsklasse III.

IX. VERRECHNUNG VON FELDVERSUCHEN

1. Grundsätzliches zur Versuchsverrechnung

Keine Verrechnungsmethode kann die Ergebnisse eines ungenau durchgeführten, schlecht betreuten Versuches verbessern. Voraussetzung für die Erzielung einwandfreier Versuchsergebnisse ist die sorgfältige Versuchsdurchführung auf dem Felde. Die Methoden der statistischen Auswertung vermögen die Versuchsgenauigkeit nicht zu erhöhen, sondern sie dienen dazu, die Versuchsfehler zu erkennen und die Versuchsergebnisse gerecht zu beurteilen.

Stellenzahl der Ertragswerte

Die Genauigkeit erhöht sich auch nicht durch Rechnen mit hohen Stellenzahlen. Bei der Ernte sollen die Parzellenerträge auf drei Stellen genau gewogen werden (z. B. 6,36 kg; 18,4 kg; 124 kg), diese Genauigkeit ist vollkommen ausreichend. Nach der Umrechnung der Erträge auf einen einheitlichen Trockensubstanzgehalt ist wieder auf diese Stellenzahl abzurunden. Die Genauigkeit leidet dadurch nicht, die Versuchsverrechnung wird jedoch erleichtert. Auch bei der Angabe der Ertragsergebnisse täuscht eine große Anzahl Stellen oft eine nicht vorhandene Genauigkeit vor. Erträge unter 10 dz/ha sind mit zwei Stellen hinter dem Komma, höhere mit einer Stelle hinter dem Komma anzugeben.

Allen nachstehend aufgeführten Auswertungsverfahren liegt die Varianzanalyse zugrunde. Sie wird, nach dem Bodenausgleich durch gleitende Mittel, auch bei der Methode LINDHARD angewandt. Für die Verrechnung von kontrollierten Anbauvergleichen ist die dargestellte Differenzmethode, eine abgekürzte Varianzanalyse, am zweckmäßigsten. Das Prinzip der Varianzanalyse beruht darauf, daß die Gesamtvarianz (Gesamtstreuung) eines Versuchs in ihre einzelnen Komponenten zerlegt wird, die durch die verschiedenen Streuungsursachen (Behandlung oder Versuchsglieder, Boden, Zufall) bedingt werden. Man erhält dabei eine Restvarianz (Zufallsvarianz) und einen für alle Versuchsglieder gemeinsamen mittleren Fehler bzw. Differenzfehler. Dadurch läßt sich eine Grenzdifferenz errechnen, die, wie bereits erwähnt, als der eleganteste und einfachste Beurteilungsmaßstab zu gelten hat. **Varianzanalyse**

Vor den Verrechnungsbeispielen für die einzelnen Anlagemethoden sollen zum besseren Verständnis die dabei verwendeten Symbole aufgeführt und erklärt werden.

$\sum$ = Summenzeichen
x = Teilstückerträge
$\bar{x}$ = Mittelwert von Teilstückerträgen (sprich: x überstrichen)
G = Gesamtsumme aller Einzelwerte in einer Varianzanalyse
B = Blocksumme
b = Zahl der Blocks
L = Säulensumme
l = Zahl der Säulen
V = Versuchsgliedersumme
v = Zahl der Versuchsglieder
n = Anzahl der Wiederholungen
N = Gesamtzahl der Parzellen ($= n \cdot v$)
SQ = Summe der Abweichungsquadrate
FG = Freiheitsgrade
MO = Mittel der Abweichungsquadrate, $MQ = SQ$:FG
s^2 = Varianz (Streuungsquadrat, Streuung)
d = Differenz zwischen Teilstückerträgen (Differenzmethode)
$\bar{d}$ = (d Überstrichen) Differenz zwischen Mittelwerten
D = Differenz zwischen Summen
s_d = Standardabweichung der Differenz von Einzelwerten
$s_{\bar{d}}$ = Standardabweichung der Differenz von Mittelwerten
1, 2, 3,u.s w = Prüfglieder (Varianten, Versuchsglieder)
a, b, c usw. = Wiederholungen (Blocks)
I, II, III. usw. = Säulen

2. Verrechnung von Blockanlagen

Umrechnung auf Trockensubstanzgehalt?

Am Beispiel eines Kartoffelsortenversuches, der nach Abbildung 3 A angelegt war, wird der Rechengang dargestellt. Er beginnt bei Getreide-, Körnerleguminosen- und Ölfruchtversuchen nach der Umrechnung der einzelnen Parzellenerträge auf den normalen Feuchtigkeitsgehalt. Bei Getreide und Leguminosen geschieht dies für einen Feuchtigkeitsgehalt von 14% (Trockensubstanzgehalt von 86%) nach der Formel:

$$\frac{\text{Druschgewicht} \cdot \text{ermittelte Trockensubstanz \%}}{86}$$

Für Ölfrüchte wird ein Trockensubstanzgehalt von 88% zugrunde gelegt, bei Grünfutterversuchen der absolute Trockensubstanzgehalt nach der Formel:

$$\frac{\text{Grüngewicht} \cdot \text{ermittelte Trockensubstanz \%}}{100}$$

errechnet.

a) Aufstellung der Ertragstabelle

In der Ertragstabelle können die Angaben, nach Versuchsgliedern und Blocks geordnet, entweder in kg/Parzellengröße oder in dz/ha erfolgen. Vorliegendes Beispiel enthält die Erträge in kg/25 m².

Block

Vers.-Gld.	*a*	*b*	*c*	*d*	*e*	*V*
1	38	40	39	36	37	190
2	42	43	42	38	42	207
3	50	54	47	51	48	250
4	42	44	41	44	40	211
5	43	44	39	39	38	203
6	48	48	46	43	44	229
B	263	273	254	251	249	1290=*G*

1. Ermittlung der Blocksummen (*B*)
   Die Ertragszahlen von Block *a* werden addiert und in die Zeile *B* eingetragen, ebenso bei den Blocks *b*, *c*, *d* und *e*.
2. Ermittlung der Versuchsgliedersummen (*V*)
   Die Versuchsgliedersummen (Sortensummen) erhält man durch Addition der Ertragszahlen jeder Wiederholung der einzelnen Versuchsglieder. Die Versuchsgliedersummen werden in die Spalte *V* eingetragen.

Merksatz: Die Summe aller Blocksummen und die Summe aller Versuchsgliedersummen müssen gleichgroß sein, nämlich G = Gesamtsumme aller Teilstückerträge. Dadurch läßt sich die Richtigkeit des bisherigen Rechenganges nachprüfen.

b) Errechnung des Subtraktionsgliedes

Das Subtraktionsglied wird nach der Formel $\frac{G^2}{N}$ errechnet, d. h. die Gesamtsumme aller Teilstückerträge G wird ins Quadrat erhoben und durch die Gesamtzahl der Parzellen N geteilt.

$$\text{Im Beispiel:} \frac{G^2}{N} = \frac{1290 \cdot 1290}{30} = \frac{1664100}{30} = 55470$$

c) Errechnung der Summen der Abweichungsquadrate (SQ)

1. Für die Gesamtvarianz (SQ_G):
   Bildung der Quadrate aller Teilstückerträge und Summierung dieser

Werte. Davon wird das Subtraktionsglied abgezogen.

$$SQ_G = \Sigma x^2 - \frac{G^2}{N}$$
$$= 38^2 + 42^2 + 50^2 + \cdots + 40^2 + 38^2 + 44^2 - 55470$$
$$= 56042 - 55470 = 572$$

Die Bildung der Quadrate erfolgt entweder mit einer Rechenmaschine oder mit Hilfe von Quadrattafeln. Beim maschinellen Rechnen ist bei den meisten Maschinen die Quadrierung und Summierung in einem Arbeitsgang möglich. Eine Quadrattafel für die Zahlen 1—1000 befindet sich im Anhang. Bei ihrer Benutzung werden die Quadrate am zweckmäßigsten in der gleichen Anordnung wie bei der Ertragstabelle aufgeschrieben und spaltenweise addiert.

2. Für die Blockvarianz (SQ_B):
Bildung der Quadrate aller Blocksummen und Summierung dieser Werte. Der so ermittelte Wert wird durch die Anzahl der Versuchsglieder (v) geteilt und das Subtraktionsglied hiervon abgezogen.

Merksatz: Die Division erfolgt durch die Anzahl der Versuchsglieder, weil sich jede Blocksumme aus dieser Anzahl von Einzelparzellen zusammensetzt.

$$SQ_B = \frac{\Sigma B^2}{v} - \frac{G^2}{N}$$
$$= \frac{263^2 + 273^2 + 254^2 + 251^2 + 249^2}{6} - 55470$$
$$= \frac{333216}{6} - 55470 = 66$$

3. Für die Versuchsgliedervarianz (SQ_V):
Bildung der Quadrate aller Versuchsgliedersummen und Summierung dieser Werte. Der so ermittelte Wert wird durch die Anzahl der Blocks (b) dividiert und das Subtraktionsglied hiervon abgezogen.
Merksatz: Die Division erfolgt durch die Anzahl der Blocks, weil jede Versuchsgliedersumme aus dieser Anzahl von Einzelparzellen zusammengesetzt ist.

$$SQ_V = \frac{\Sigma V^2}{b} - \frac{G^2}{N}$$
$$= \frac{190^2 + 207^2 + 250^2 + 211^2 + 203^2 + 229^2}{5} - 55470$$
$$= \frac{279620}{5} - 55470 = 454$$

4. Für die Restvarianz (SQ_R):
Die Restvarianz (Fehlervarianz) ergibt sich aus folgender Rechnung:

$$SQ_R = SQ_G - (SQ_B + SQ_V)$$
$$= 572 - (66 + 454) = 52$$

d) Ermittlung der Freiheitsgrade (*FG*)

Die Freiheitsgrade erhält man durch Verminderung der Gesamtzahl der Parzellen, der Anzahl der Blocks und der Anzahl der Versuchsglieder jeweils um eins. Die *FG* des Restes (Fehlers) werden entsprechend der

Ermittlung der SQ des Restes durch Subtraktion aller FG von den Gesamt-FG errechnet.

FG für Gesamt $= N - 1 = 30 - 1 = 29$
FG für Blocks $= b - 1 = 5 - 1 = 4$
FG für Vers.Gl. $= v - 1 = 6 - 1 = 5$
FG für Rest $= FG_G - (FG_B + FG_V) = 29 - (4 + 5) = 20$

e) Varianzanalyse

Streuungsursache	SQ	FG	MQ
G (Gesamt)	572	29	
B (Blocks)	66	4	
V (Vers. Gl.)	454	5	90,8
R (Rest)	52	20	2,6

Zur Varianzanalyse werden die Werte SQ_G, SQ_B, SQ_V und SQ_R sowie die dazugehörigen Freiheitsgrade zusammengestellt. Die Streuungsquadrate (MQ) ergeben sich aus dieser Division der SQ durch die dazugehörigen FG.

$$MQ_V = \frac{SQ_V}{FG_V} = \frac{454}{5} = 90{,}8 \qquad MQ_R = s^2 \frac{SQ_R}{FG_R} = \frac{52}{20} = 2{,}6$$

F-Test Die Versuchsgliederstreuung MQ_V muß in gesichertem Maße größer sein als die Reststreuung s^2, dann ist darauf hingedeutet, daß die Unterschiede der Versuchsglieder die Zufallsgrenzen überschreiten. Man kann das durch den sogenannten F-Test prüfen. Er ist hier nicht näher erläutert, da sich die Differenzen der Versuchsglieder noch spezieller durch den t-Test (Errechnung der Grenzdifferenz) prüfen lassen, wie es unser Rechenbeispiel darstellt. Daher genügt i. a. zu wissen, daß die Versuchsgliederstreuung unbedingt größer (und zwar mindestens doppelt so groß) sein muß als die Reststreuung. Nur dann sind außerhalb der Zufallsgrenzen liegende Unterschiede zu erwarten. Tabellen für den F-Test finden sich u. a. bei Mudra [6].

f) Errechnung des Differenzfehlers ($s_{\bar{d}}$)

Da es im Feldversuch darauf ankommt, die Unterschiede der Versuchsglieder zu beurteilen, wird dazu der Fehler der Differenzen ($s_{\bar{d}}$) benötigt und aus der Reststreuung errechnet nach der Formel

$$s_{\bar{d}} = \sqrt{\frac{2 \cdot s^2}{b}} = \sqrt{\frac{2 \cdot 2{,}6}{5}} = 1{,}02 \text{ kg}/25 \text{ m}^2 = 4{,}08 \text{ dz/ha}$$

Das Ziehen der Quadratwurzeln kann auch mit Hilfe der Quadrattafeln erfolgen. Beim Wurzelziehen ist besonders auf die Kommastellung zu achten, da erfahrungsgemäß hierbei die meisten Fehler gemacht werden.

Da der Rechengang mit den Parzellenerträgen in kg/25 m² durchgeführt wurde, bezieht sich der berechnete $s_{\bar{d}}$-Wert ebenfalls auf 25 m². In diesem Fall ist $s_{\bar{d}}$ auf dz/ha umzurechnen. Das erübrigt sich, wenn die Erträge sofort in dz/ha in die Ertragstabelle eingesetzt werden.

g) Errechnung der Grenzdifferenz ($GD_{5\%}$)

Die Grenzdifferenz $GD_{5\%}$ berechnet man durch Multiplikation des Differenzfehlers $s_{\bar{d}}$ mit dem t-Wert, der in der im Anhang aufgeführten

Tabelle c) sich befindet. Man benutzt dazu den t-Wert für die Anzahl der Freiheitsgrade der Reststreuung (FG_R).

t für $P = 5\%$ und 20 FG ist lt. Tabelle = 2,09.

$$GD_{5\%} = t \cdot s_{\bar{d}}$$
$$= 2{,}09 \cdot 4{,}08 = 8{,}5 \text{ dz/ha}$$

h) Zusammenfassung der Ergebnisse

Die Ertragswerte der einzelnen Versuchsglieder sowie die statistischen Werte werden schließlich in einer Tabelle zusammengefaßt.

Sorte	dz/ha	relativ	$\bar{d}$	EK	Nebenprodukte dz/ha
3	200	116	+ 28	I	
6	183	106	+ 11	I	
Sortenmittel	172	100			
4	169	98	— 3	II	
2	166	96	— 6	II	
5	162	94	— 10	III	
1	152	88	— 20	III	
$GD_{5\%}$	8,5	5			

Erläuterungen

1. In der Zusammenfassung sind bei Sortenversuchen die Sorten nach fallenden Erträgen aufgeführt. Bei anderen Versuchen ist es oft übersichtlicher, wenn die Anordnung der Versuchsglieder entsprechend den Abstufungen erfolgt, z. B. bei Nährstoffsteigerungsversuchen nach steigenden Nährstofferträgen, bei Saatstärkenversuchen nach steigenden Saatstärken. (Die Versuchsglieder erhalten in der Tabelle ihre volle Bezeichnung, nicht nur Nummern, wie im Beispiel.)

2. Berechnung von dz/ha
   Der Hektarertrag für die einzelnen Versuchsglieder wird aus der Versuchsgliedersumme (siehe Ertragstabelle) gebildet. Zum Beispiel beträgt lt. Ertragstabelle für Sorte 3 die Versuchsgliedersumme $V = 250$, das ist der Ertrag von $5 \cdot 25\ \text{m}^2$. Daraus errechnet sich der Ertrag in dz/ha:

$$\frac{V \cdot 10000}{n \cdot \text{Teilstückgröße} \cdot 100} = \frac{250 \cdot 10000}{5 \cdot 25 \cdot 100} = 200 \text{ dz/ha}$$

   für die Sorte 6:
$$\frac{229 \cdot 10000}{5 \cdot 25 \cdot 100} = 183 \text{ dz/ha}$$

   Bei der Errechnung des Sortenmittels geht man zweckmäßig von der Gesamtsumme G aus:

$$\frac{G \cdot 10000}{N \cdot \text{Teilstückgröße} \cdot 100} = \frac{1290 \cdot 10000}{30 \cdot 25 \cdot 100} = 172 \text{ dz/ha}$$

3. Berechnung der relativen Leistung
   Bei Sortenversuchen wird das Sortenmittel = 100 gesetzt, im Beispiel 172 dz/ha = 100.

Errechnung der Relativzahl für Versuchsglied 3: $\frac{200 \cdot 100}{172} = 116$

für Versuchsglied 6: $\frac{183 \cdot 100}{172} = 106$ usw.

Bei sonstigen Versuchen dient ein normales Versuchsglied als Vergleichsbasis, z. B. bei Düngungsversuchen die Normaldüngung oder die 0-Parzelle, bei Bearbeitungsversuchen die ortsübliche Behandlung usw. Entsprechend den Hektarerträgen werden auch die GD relativ auf die Bezugsbasis verrechnet.

4. Berechnung der Differenz ($\bar{d}$)
   Die Differenz ist die Abweichung der einzelnen Sorten bzw. der einzelnen Versuchsglieder vom Sortenmittel oder von der sonstigen Bezugsbasis.
5. Bildung von Ertragsklassen
   Die Ermittlung der Ertragsklassen geschieht mit Hilfe der $GD_{5\%}$. Im Beispiel sind die Differenzen von Versuchsglied 3 und 6 größer als die $GD_{5\%}$, deshalb kommen diese beiden Sorten in Ertragsklasse I. Die Sorten 5 und 1 gehören zur Ertragsklasse III, da sie negative Differenzen größer als $GD_{5\%}$ aufweisen.
6. Nebenprodukte dz/ha
   Hier werden die Erträge an Stroh, Rübenblatt usw. aufgeführt. Bei Bedarf sind noch zusätzliche Spalten für Trockensubstanz, Stärke, Eiweiß usw. anzufügen.

i) Rechenvereinfachung

Der Rechengang bei der Varianzanalyse läßt sich, besonders bei Fehlen einer Rechenmaschine, erheblich erleichtern, und zwar durch das Rechnen mit reduzierten Zahlen anstelle der Originalzahlen. Wird von jedem Teilstückertrag ein konstanter Wert abgezogen, so verändern sich die Abweichungen vom Mittelwert nicht. Diese sind jedoch ausschlaggebend für die Streuungen, so daß sich später die gleichen statistischen Werte ergeben.

Man zieht eine möglichst große, glatte Zahl von jedem einzelnen Ertragswert ab, im vorstehenden Versuch z. B. von allen Teilstückerträgen den Wert 30. Die neue Ertragstabelle sieht dann folgendermaßen aus:

Block

Vers. Glied	*a*	*b*	*c*	*d*	*e*	*V*
1	8	10	9	6	7	40
2	12	13	12	8	12	57
3	20	24	17	21	18	100
4	12	14	11	14	10	61
5	13	14	9	9	8	53
6	18	18	16	13	14	79
B	83	93	74	71	69	390 = *G*

Die Verrechnung zeigt die gleichen statistischen Werte wie bei den Originalzahlen. Lediglich zur Ermittlung der Hektarerträge sind bei *V* die abgezogenen Werte ($5 \cdot 30 = 150$) wieder hinzuzuzählen. (Es wird empfohlen, den Rechengang nach der neuen Ertragstabelle zur Übung selbst durchzuführen.)

Wenn beim Reduzieren der Ertragszahlen einige Minuswerte entstehen, so ist dies ohne Einfluß. Die Quadrate der negativen Zahlen besitzen wieder ein positives Vorzeichen. Im vorliegenden Versuch kann man deshalb die Originalzahlen z. B. auch um 40 reduzieren:

B l o c k

Vers. Glied	*a*	*b*	*c*	*d*	*e*	*V*
1	— 2	0	— 1	— 4	— 3	—10
2	2	3	2	— 2	2	7
3	10	14	7	11	8	50
4	2	4	1	4	0	11
5	3	4	— 1	— 1	— 2	3
6	8	8	6	3	4	29
B	23	33	14	11	9	90 = *G*

(Auch die Verrechnung mit diesen Zahlen wird zur Übung empfohlen, es muß wieder das gleiche Ergebnis erzielt werden.) Ebenso lassen sich auch bei den folgenden Verrechnungsbeispielen für das Lateinische Quadrat und Rechteck die Originalzahlen reduzieren.

3. *Verrechnung von Lateinischen Quadraten*

Die Verrechnung eines Lateinischen Quadrates entspricht der Verrechnung von Blockanlagen, nur wird hier zusätzlich eine Säulenvarianz errechnet.

B e i s p i e l : Sortenversuch mit Kartoffeln, Parzellenerträge in kg bei 22 m^2.

Lageplan:

S ä u l e

Block	I	II	III	IV	V	VI
f	5	4	6	3	1	2
e	6	3	2	1	4	5
d	4	1	5	2	6	3
c	2	6	4	5	3	1
b	3	5	1	6	2	4
a	1	2	3	4	5	6

a) Ertragstabelle nach Lageplan

S ä u l e

Block	I	II	III	IV	V	VI	B
f	76$_{(5)}$	78$_{(4)}$	89$_{(6)}$	96$_{(3)}$	79$_{(1)}$	84$_{(2)}$	502
e	89$_{(6)}$	95$_{(3)}$	84$_{(2)}$	74$_{(1)}$	80$_{(4)}$	76$_{(5)}$	498
d	88$_{(4)}$	73$_{(1)}$	78$_{(5)}$	75$_{(2)}$	86$_{(6)}$	102$_{(3)}$	502
c	84$_{(2)}$	92$_{(6)}$	82$_{(4)}$	78$_{(5)}$	94$_{(3)}$	78$_{(1)}$	508
b	108$_{(3)}$	87$_{(5)}$	82$_{(1)}$	96$_{(6)}$	86$_{(2)}$	89$_{(4)}$	548
a	75$_{(1)}$	85$_{(2)}$	101$_{(3)}$	84$_{(4)}$	86$_{(5)}$	96$_{(6)}$	527
L	520	510	516	503	511	525	3085 = *G*

Die einzelnen Parzellenerträge werden in den Lageplan eingetragen (die eingeklammerten Zahlen sind die Nummern der Versuchsglieder entsprechend des Lageplanes), dann die Blocksummen (B) und die Säulensummen (L) gebildet. Die Summe der Blocksummen bzw. die Summe der Säulensummen ergibt die Gesamtsumme des Versuchs (G).

b) Ertragstabelle nach Versuchsgliedern (Sorten) geordnet

Sorte

Block	1	2	3	4	5	6	B
f	79	84	96	78	76	89	502
e	74	84	95	80	76	89	498
d	73	75	102	88	78	86	502
c	78	84	94	82	78	92	508
b	82	86	108	89	87	96	548
a	75	85	101	84	86	96	527
V	461	498	596	501	481	548	3085 = G

In dieser Tabelle werden die Parzellenerträge nach Versuchsgliedern geordnet und die Versuchsgliedersummen V errechnet.

c) Errechnung des Subtraktionsgliedes

$$\frac{G^2}{N} = \frac{3085^2}{36} = \frac{9\,517\,225}{36} = 264\,367$$

d) Errechnung der Summen der Abweichungsquadrate

1. SQ_G: Alle Parzellenerträge werden ins Quadrat erhoben, die Quadrate werden summiert, das Subtraktionsglied wird abgezogen.
$SQ_G = 79^2 + \cdots + 96^2 - 264\,367 = 266\,987 - 264\,367 = 2620$
2. SQ_B: Die Blocksummen (B) werden quadriert, die Quadrate summiert und durch die Anzahl der Versuchsglieder dividiert, das Subtraktionsglied wird abgezogen.
$$SQ_B = \frac{502^2 + \ldots + 527^2}{6} - 264\,367 = \frac{1\,588\,109}{6} - 264\,367 = 318$$
3. SQ_L: Die Säulensummen (L) werden quadriert, die Quadrate summiert und durch die Anzahl der Versuchsglieder dividiert, das Subtraktionsglied wird abgezogen.
$$SQ_L = \frac{520^2 + \ldots + 525^2}{6} - 264\,367 = \frac{1\,586\,511}{6} - 264\,367 = 51$$
4. SQ_V: Die Versuchsgliedersummen (V) werden quadriert, die Quadrate summiert und durch die Anzahl der Blocks dividiert, das Subtraktionsglied wird abgezogen.
$$SQ_V = \frac{461^2 + \ldots + 548^2}{6} - 264\,367 = \frac{1\,598\,407}{6} - 264\,367 = 2034$$
5. SQ_R: Von SQ_G werden die übrigen SQ abgezogen.
$SQ_R = 2620 - (318 + 51 + 2034) = 217$

e) Varianzanalyse

Streuungsursache	*SQ*	*FG*	*MQ*
G (Gesamt)	2620	35	
B (Blocks)	318	5	
L (Säulen)	51	5	
V (Versuchsglieder)	2034	5	406,80
R (Rest)	217	20	10,85

Die *FG* werden wie bei der Blockanlage ermittelt, für die Säulen sind sie gleich der Anzahl der Säulen minus eins.

f) Errechnung des Differenzfehlers und der Grenzdifferenz

$$s_{\bar{d}} = \sqrt{\frac{2\,s^2}{b}} = \sqrt{\frac{2 \cdot 10{,}85}{6}} = 1{,}90\ \text{kg}/22\ \text{m}^2 = 8{,}7\ \text{dz/ha}$$

$GD\,5\% = t \cdot s_{\bar{d}}$ $\quad$ t für 20 *FG* lt. Tabelle $= 2{,}09$

$= 2{,}09 \cdot 8{,}7 = 18$ dz/ha

g) Zusammenfassung der Ergebnisse

Sorte	Knollen dz/ha	relativ	$\bar{d}$ dz/ha	EK
3	452	116	+ 62	I
6	415	106	+ 25	I
Sortenmittel	390	100		
4	380	97	— 10	II
2	377	97	— 13	II
5	364	93	— 26	III
1	349	89	— 41	III
$GD_{5\%}$	18	5		

Die Zusammenfassung der Ergebnisse erfolgt, wie bei der Verrechnung der Blockanlage beschrieben wurde. Aus der Tabelle geht hervor, daß die Sorten 3 und 6 einen gesicherten Mehrertrag, die Sorten 5 und 1 einen gesicherten Minderertrag und die Sorten 4 und 2 keinen gesicherten Ertragsabfall gegenüber dem Sortenmittel brachten. Mit Hilfe der $GD_{5\%}$ können weiterhin die Sorten untereinander verglichen werden, so ist z. B. die Sorte 3 der Sorte 6 gesichert überlegen.

4. Verrechnung von Lateinischen Rechtecken

Beispiel: Getreidesortenversuch, 12 Versuchsglieder, 6fache Wiederholung, Parzellenerträge in kg/25 m².

Lageplan:

Säule

Block	I	II	III	IV	V	VI
f	12 10	9 7	4 11	6 3	5 2	8 1
e	11 9	12 6	2 7	10 4	1 8	3 5
d	3 6	8 10	1 9	5 11	7 12	4 2
c	4 7	1 5	12 8	2 9	3 11	6 10
b	5 8	11 2	10 3	1 12	6 4	9 7
a	1 2	3 4	5 6	7 8	9 10	11 12

a) Ertragstabelle nach Lageplan

Säule

Block	I		II		III		IV		V		VI		B
f	7,4	7,4	7,1	7,0	8,6	7,2	7,4	7,6	6,4	6,5	6,4	7,2	86,2
e	6,3	6,8	6,9	6,6	6,6	6,7	8,1	7,8	7,6	6,5	8,8	6,9	85,6
d	7,0	7,8	6,9	6,3	7,1	7,4	6,8	7,3	7,1	7,2	7,4	6,6	84,9
c	7,2	7,1	6,4	5,6	6,3	6,0	7,1	8,1	7,0	7,4	7,9	6,6	82,7
b	7,4	7,6	7,8	7,9	8,1	7,3	7,8	7,5	7,9	8,1	7,7	7,0	92,1
a	7,4	8,0	7,9	8,6	7,0	8,1	7,9	7,7	8,4	7,6	9,0	8,6	96,2
L	87,4		85,0		86,4		91,1		87,7		90,1		527,7 = *G*

Bei der Bildung der Säulensummen ist zu beachten, daß beim Lateinischen Rechteck die Säulen mehrere Parzellen (in unserem Beispiel zwei Parzellen) breit sind. Der übrige Rechengang erfolgt analog wie beim Lateinischen Quadrat.

b) Ertragstabelle nach Sorten geordnet

Sorte

Block	1	2	3	4	5	6	7	8	9	10	11	12	B
f	7,2	6,5	7,6	8,6	6,4	7,4	7,0	6,4	7,1	7,4	7,2	7,4	86,2
e	7,6	6,6	8,8	7,8	6,9	6,6	6,7	6,5	6,8	8,1	6,3	6,9	85,6
d	7,1	6,6	7,0	7,4	6,8	7,8	7,1	6,9	7,4	6,3	7,3	7,2	84,9
c	6,4	7,1	7,0	7,2	5,6	7,9	7,1	6,0	8,1	6,6	7,4	6,3	82,7
b	7,8	7,9	7,3	8,1	7,4	7,9	7,0	7,6	7,7	8,1	7,8	7,5	92,1
a	7,4	8,0	7,9	8,6	7,0	8,1	7,9	7,7	8,4	7,6	9,0	8,6	96,2
V	43,5	42,7	45,6	47,7	40,1	45,7	42,8	41,1	45,5	44,1	45,0	43,9	527,7 = *G*

c) Ermittlung der Summen der Abweichungsquadrate (SQ)

$$\text{Subtraktionsglied} = \frac{G^2}{N} = \frac{527{,}7^2}{72} = \frac{278\,467{,}29}{72} = 3867{,}60$$

$$SQ_G = 7{,}2^2 + \cdots + 8{,}6^2 - 3867{,}60 = 3901{,}53 - 3867{,}60 = 33{,}93$$

$$SQ_B = \frac{86{,}2^2 + \ldots + 96{,}2^2}{12} - 3867{,}60 = \frac{46\,541{,}95}{12} - 3867{,}60 = 10{,}90$$

$$SQ_L = \frac{87{,}4^2 + \ldots + 90{,}1^2}{12} - 3867{,}60 = \frac{46\,437{,}23}{12} - 3867{,}60 = 2{,}17$$

$$SQ_V = \frac{43{,}5^2 + \ldots + 43{,}9^2}{6} - 3867{,}60 = \frac{23\,255{,}01}{6} - 3867{,}60 = 8{,}24$$

$$SQ_R = 33{,}93 - (10{,}90 + 2{,}17 + 8{,}24) = 12{,}62$$

d) Varianzanalyse

Streuungsursache	*SQ*	*FG*	*MQ*
G (Gesamt)	33,93	71	
B (Blocks)	10,90	5	
L (Säulen)	2,17	5	
V (Versuchsglieder)	8,24	11	0,749
R (Rest)	12,62	50	0,252

e) Errechnung des Differenzfehlers und der Grenzdifferenz

$$s_{\bar{d}} = \sqrt{\frac{2\,s^2}{b}} = \sqrt{\frac{2 \cdot 0{,}252}{6}} = 0{,}29 \text{ kg}/25 \text{ m}^2 = 1{,}16 \text{ dz/ha}$$

$$GD_{5\%} = t \cdot s_{\bar{d}} = 2{,}01 \cdot 1{,}16 = 2{,}3 \text{ dz/ha}$$

f) Zusammenfassung der Ergebnisse

Sorte	dz/ha	relativ	$\bar{d}$	*EK*
4	31,8	109	+ 2,5	I
6	30,5	104	+ 1,2	II
3	30,4	104	+ 1,1	II
9	30,3	103	+ 1,0	II
11	30,0	102	+ 0,7	II
10	29,4	100	+ 0,1	II
Sortenmittel	29,3	100		
12	29,3	100	± 0,0	II
1	29,0	99	— 0,3	II
7	28,5	97	— 0,8	II
2	28,5	97	— 0,8	II
8	27,4	94	— 1,9	II
5	26,7	91	— 2,6	III
$GD_{5\%}$	2,3	8		

Nur die Sorten 4 und 5 heben sich in gesichertem Maße vom Sortenmittel ab.

5. Verrechnung von Anlagen nach Lindhard

Beispiel für eine ungerade Variantenzahl

Düngungsversuch zu Getreide, 5 Düngungen, 6 Wiederholungen, Erträge in kg/25 m². Anlage nach Abbildung 2 (siehe Seite 62).

Erläuterungen

1. Aufstellung der Erträge (nach Umrechnung auf den normalen Feuchtigkeitsgehalt) gemäß Lage der Teilstücke im Versuche (Spalte 1 und 2).
2. Bildung der gleitenden Gruppensummen unter Einbeziehung der Hilfsteilstücke (Spalte 3) und Errechnung der gleitenden Gruppenmittel (*GM*) durch Division mit der Zahl der Varianten (Spalte 4). Die Gruppensummen müssen jeweils sämtliche Varianten enthalten.

4 H	7,0	5 H	6,6	1 a	6,3
5 H	6,6	1 a	6,3	2 a	8,0
1 a	6,3	2 a	8,0	3 a	5,3
2 a	8,0	3 a	5,3	4 a	6,5
3 a	5,3	4 a	6,5	5 a	5,9
	33,2		32,7		32,0
= 1. gleitende Gruppensumme		= 2. gleitende Gruppensumme		= 3. gleitende Gruppensumme	
33,2 : 5 = 664,		32,7 : 5 = 6,54		32,0 : 5 = 6,40	
= 1. gleitendes Mittel (*GM*)		= 2. gleitendes Mittel		= 3. gleitendes Mittel usw.	

a) Ertragstabelle

Teil-stücke	Parzellen-erträge kg	gleitende Gruppen-summen kg	gleitende Gruppen-mittel kg	Differenzen ± kg
1	2	3	4	5
4 H	7,0			
5 H	6,6			
1 a	6,3	33,2	6,64	—0,34
2 a	8,0	32,7	6,54	+1,46
3 a	5,3	32,0	6,40	—1,10
4 a	6,5	31,1	6,22	+0,28
5 a	5,9	31,6	6,32	—0,42
1 b	5,4	32,4	6,48	—1,08
2 b	8,5	33,3	6,66	+1,84
3 b	6,1	33,5	6,70	—0,60
4 b	7,4	33,9	6,78	+0,62
5 b	6,1	33,8	6,76	—0,66
1 c	5,8	33,9	6,78	—0,97
2 c	8,4	35,3	7,06	+1,34
3 c	6,2	38,5	7,70	—1,50
4 c	8,8	40,5	8,10	+0,70
5 c	9,3	41,8	8,36	+0,94
1 d	7,8	42,7	8,54	—0,74
2 d	9,7	42,5	8,50	+1,20
3 d	7,1	42,1	8,42	—1,32
4 d	8,6	41,9	8,38	+0,22
5 d	8,9	41,1	8,22	+0,68
1 e	7,6	41,2	8,24	—0,64
2 e	8,9	41,1	8,22	+0,68
3 e	7,2	39,2	7,84	—0,64
4 e	8,5	38,2	7,64	+0,86
5 e	7,0	37,4	7,48	—0,48
1 f	6,6	36,1	7,22	—0,62
2 f	8,1	35,2	7,04	+1,06
3 f	5,9	35,8	7,16	—1,26
4 f	7,6	36,3	7,26	+0,34
5 f	7,6	36,6	7,32	+0,28
1 H	7,1			
2 H	8,4			

Summe ohne
Hilfsteilstücke 221,1

Mittel 7,37

3. Ermittlung der Differenzen (Spalte 5) zwischen den Teilstückerträgen (*x*) und den gleitenden Mitteln (*GM*)
   $d = x - GM$
   $= 6{,}30 - 6{,}64 = -0{,}34$ für Teilstück 1a
   $= 8{,}00 - 6{,}54 = +1{,}46$ für Teilstück 2a
   usw.
4. Errechnung der Gesamtsumme (ohne Hilfsteilstücke) = 221,1 und des Gesamtmittels = 221,1 : 30 = 7,37

b) Aufstellung der Differenztafel

Wiederholung	Düngung 1	2	3	4	5
a	—0,34	+1,46	—1,10	+0,28	—0,42
b	—1,08	+1,84	—0,60	+0,62	—0,66
c	—0,97	+1,34	—1,50	+0,70	+0,94
d	—0,74	+1,20	—1,32	+0,22	+0,68
e	—0,64	+0,68	—0,64	+0,86	—0,48
f	—0,62	+1,06	—1,26	+0,34	+0,28
Summe	—4,39	+7,58	—6,42	+3,02	+0,34 $G = +0,13$
Mittel	—0,73	+1,26	—1,07	+0,50	+0,06
korrigiertes Versuchs-gliedermittel	6,64	8,63	6,30	7,87	7,43

Die Differenzen aus der Spalte 5 der Ertragstabelle werden nach Versuchsgliedern (Düngungen) und Wiederholungen zusammengestellt. Von den Differenzen der einzelnen Düngungen sind die Summen (drittletzte Zeile) und die Mittel (vorletzte Zeile) zu bilden. Die letzte Zeile enthält die korrigierten Versuchsgliedermittel, die sich aus dem Gesamtmittel und den Mitteln der Differenzen errechnen.

z. B. 7,37 — 0,73 = 6,64 für Versuchsglied 1
7,37 + 1,26 = 8,63 für Versuchsglied 2
usw.

c) Varianzanalytische Verrechnung

Mit den Werten der Differenztafel wird eine Varianzanalyse durchgeführt

1. Ermittlung der Summen der Abweichungsquadrate (SQ)

$$\text{Subtraktionsglied} = \frac{G^2}{N} = \frac{0{,}13^2}{30} = 0{,}0006$$

$$SQ_G = (-0{,}34)^2 + (-1{,}08)^2 + \cdots + (+0{,}28)^2 - 0{,}0006 = 25{,}5861 - 0{,}0006 = 25{,}5855$$

$$SQ_V = \frac{(-4{,}39)^2 + \ldots + (0{,}34)^2}{6} - 0{,}0006 = \frac{127{,}1809}{6} - 0{,}0006 = 21{,}1962$$

$$SQ_R = 25{,}5855 - 21{,}1962 - 4{,}3893$$

2. Varianzanalyse

Streuungsursache	SQ	FG	MQ
Gesamt	25,5855	29	
Boden	0,0	5	
Versuchsglieder	21,1962	4	5,30
Rest	4,3893	20	0,22

Eine Blockvarianz wird bei der Methode LINDHARD nicht ermittelt, da ein Bodenausgleich bereits durch die Differenzbildung erfolgte. Die Aufteilung der Freiheitsgrade geschieht wie bei einer Blockanlage, nur heißt es *FG*-Boden statt *FG*-Blocks. Die *FG*-Boden ergeben sich aus der Anzahl der Wiederholungen (n) minus eins.

3. Berechnung des Differenzfehlers und der Grenzdifferenz

$$s_{\bar{d}} = \sqrt{\frac{2\,s^2}{n}} = \sqrt{\frac{2 \cdot 0{,}22}{6}} = 0{,}27 \text{ kg}/25 \text{ m}^2 = 1{,}08 \text{ dz/ha}$$

$$\text{GD}_{5\%} = t \cdot s_{\bar{d}} = 2{,}09 \cdot 1{,}08 = 2{,}3 \text{ dz/ha}$$

d) Zusammenfassung der Ergebnisse

Düngung	Korn dz/ha	relativ	$\bar{d}$ dz/ha
1	26,6	100	—
2	34,5	130	+ 7,9
3	25,2	95	— 1,4
4	31,5	118	+ 4,9
5	29,7	112	+ 3,1
$\text{GD}_{5\%}$	2,3	9	

Die Erträge in dz/ha ergeben sich aus den korrigierten Versuchsgliedermitteln (Differenztafel, letzte Zeile), z. B. für Düngung 1:

$$\frac{6{,}64 \cdot 10000}{25 \cdot 100} = 26{,}6 \text{ dz/ha}$$

Wenn die Verrechnung des Versuchs von Beginn an mit den Erträgen in dz/ha erfolgt, so erscheinen die korrigierten Hektarerträge gleich in der letzten Zeile der Differenztafel.

Die Auswertung des Versuchs zeigt also, daß die Düngungen 2, 4 und 5 der Bezugsvariante (Düngung1) gesichert überlegen sind. Der Minderertrag der Düngung 3 ist jedoch statistisch nicht gesichert.

Verrechnung bei einer geraden Versuchsgliederzahl

Bei einer geraden Variantenzahl, z. B. 4, werden die gleitenden Summen aus jeweils 5 Teilstücken gebildet, dabei die 3 mittleren verdoppelt und die Summen schließlich durch 8 dividiert.

Teilstück:	3 H	4 H	1 a	2 a	3 a	4 a	1 b	...
Ertrag kg:	6	7	4	6	5	8	5	

Bildung des ersten Gleitmittels:

$$(6 + 2 \cdot 7 + 2 \cdot 4 + 2 \cdot 6 + 5) : 8 = 45 : 8 = 5{,}6$$

Bildung des zweiten Gleitmittels:

$$(7 + 2 \cdot 4 + 2 \cdot 6 + 2 \cdot 5 + 8) : 8 = 55 : 8 = 6{,}9 \text{ usw.}$$

Bei 6 Versuchsgliedern werden jeweils 7 Teilstücke zusammengefaßt, die inneren fünf verdoppelt und die Summe durch 12 dividiert.

6. Verrechnung von kontrollierten Anbauvergleichen

Beispiel: Unkrautbekämpfungsversuch zu Getreide, Teilstückerträge umgerechnet in dz/ha, Anlage nach Abbildung 6.

a) Aufstellung der Ertragstabelle

Wiederholung	Streifen I	III	I/III (Mittel)	II	d	d^2
a	32,1	44,1	38,1	45,2	+ 7,1	50,41
b	26,8	30,3	28,6	34,7	+ 6,1	37,21
c	30,5	33,0	31,8	32,5	+ 0,7	0,49
d	27,2	29,4	28,3	32,2	+ 3,9	15,21
e	25,4	22,7	24,1	31,1	+ 7,0	49,00
f	22,6	19,3	21,0	28,6	+ 7,6	57,76
Summe			171,9	204,3	$\Sigma d = +32,4$	$\Sigma d^2 = 210,08$
Mittel			28,7	34,1	+ 5,4	

Erläuterungen

1. Eintragen der Erträge der Streifen I, III und II in die Tabelle.
2. Mitteln der Erträge der einzelnen Parzellen von Streifen I und III (Variante 1); $(32,1 + 44,1) : 2 = 38,1$ usw.
3. Errechnung der Differenzen (d) zwischen diesen Mitteln und den Erträgen des Teilstreifens II (Variante 2); ihe Summe ist $\sum d = 32,4$.
4. Quadrieren der Differenzen (d) und Addition der Quadrate; $\sum d^2 = 210,08$.

b) Errechnung des Differenzfehlers

Sie erfolgt nach der Formel

$$s_{\bar{d}} = \sqrt{\frac{SQ}{n\,(n-1)}}$$

wobei n die Zahl der Wiederholungen bedeutet (in unserem Beispiel $= 6$) und SQ nach der Formel

$$SQ = \sum d^2 - \frac{(\Sigma d)^2}{n}$$

errechnet wird.

$$SQ = 210,08 - \frac{32,4^2}{6} = 210,08 - \frac{1049,76}{6} = 210,08 - 174,96 = 35,12$$

$$s_{\bar{d}} = \sqrt{\frac{35,12}{6 \cdot 5}} = \sqrt{1,1707} = 1,08$$

c) Errechnung der Grenzdifferenz

$GD_{5\%} = t \cdot s_{\bar{d}} = 2,57 \cdot 1,08 = 2,78$ dz/ha

Die Freiheitsgrade, für die der t-Wert aus der Tabelle zu entnehmen ist, ergeben sich aus der Zahl der Wiederholungen minus eins, in unserem Beispiel $n - 1 = 6 - 1 = 5$.

Die mittleren Hektarerträge stammen aus der Ertragstabelle (letzte Zeile).

d) Zusammenfassung der Ergebnisse

	Korn dz/ha	relativ	$\bar{d}$ dz/ha
Variante 1	**28,7**	100	—
Variante 2	**34,1**	119	**+ 5,4**
$GD_{5\%}$	**2,8**	10	

Die statistische Auswertung dieses kontrollierten Anbauvergleichs (Unkrautbekämpfung zu Getreide) zeigt also, daß die Variante 2 (behandelt) der Variante 1 (unbehandelt) gesichert überlegen war, da die Differenz zwischen beiden bedeutend größer als $GD_{5\%}$ ist.

X. AUSWERTUNG VON VERSUCHSERGEBNISSEN

Aufgabe und Ziel der Durchführung von Versuchen in der Praxis ist es, die gewonnenen Ergebnisse für die Produktionssteigerung auszuwerten. Dies muß einerseits so schnell wie möglich geschehen, damit nicht wertvolle Zeit für die Einführung der Ergebnisse auf breiter Basis verloren geht. Auf der anderen Seite ist unbedingt zu vermeiden, voreilige Schlüsse aus Versuchsresultaten zu ziehen. Ihre Bekanntgabe und Veröffentlichung darf deshalb nur mit Angabe der statistischen Werte erfolgen.

Beurteilung von Versuchsergebnissen Der einfachste und am leichtesten verständliche Maßstab für die Beurteilung von Versuchsergebnissen ist die Grenzdifferenz (*GD*). Diese Größe wird deshalb mit den Ertragszahlen aufgeführt, wie im Beispiel des Abschnittes VIII, 3 und bei den Verrechnungsbeispielen des Abschnittes IX dargestellt. Die positiven oder negativen Ertragsunterschiede, die größer als die Grenzdifferenz sind, gelten als statistisch gesichert. Entsprechend

Grenzdifferenz den Hektarerträgen gibt man auch *GD* relativ zu der Bezugsbasis (Normal-Variante oder Sortenmittel) an, da die Prozentzahlen sich leichter übersehen lassen. Bei einer *GD* von 5 relativ (siehe Beispiel im Abschnitt VIII, 3, S. 49) ist die Variante 2 mit relativ 103 der Bezugsvariante (Relativzahl 100) nicht gesichert überlegen, während der Mehrertrag der Variante 3 (relativer Ertrag 110) als gesichert anzusehen ist. Mit anderen Worten ausgedrückt: Die rechnerische Auswertung ergab, daß mindestens ein 5-prozentiger Mehrertrag vorhanden sein muß; die 3% höhere Leistung der Variante 2 besitzt also keine statistische Sicherung, wohl aber die 10% höhere der Variante 3.

P% Als statistische Werte werden häufig auch die *P*% (Grenzwahrscheinlichkeiten) veröffentlicht. Die Varianten, denen ein *P*% unter 5 zukommt, sind der Bezugsbasis gegenüber gesichert überlegen (bei positiven Ertragsunterschieden) bzw. gesichert unterlegen (bei negativen Ertragsunterschieden). Bei *P*-Werten unter 1% und unter 0,1% spricht man von einer guten bzw. sehr guten statistischen Sicherung.

Im Beispiel:

	dz/ha	$P\%$
Variante 1	60	—
Variante 2	62	39,0
Variante 3	66	2,3

weist also die Mehrleistung der Variante 3 gegenüber der Variante 1 (Bezugsgröße) eine statistische Sicherung auf ($P\%$ kleiner als 5), die der Variante 2 nicht ($P\%$ größer als 5).

Oft werden die gesicherten Ertragswerte der Einfachheit halber nur mit Kreuzen versehen: $^{+}$ = gesichert, $^{++}$ = gut gesichert und $^{+++}$ = sehr gut gesichert.

Bei Sortenversuchen erhält man durch die Ertragsklassen (EK) einen schnellen Überblick, besonders bei umfangreichen Sortimenten. Die Sorten, die in Ertragsklasse I eingruppiert sind, liegen gesichert über, die der Ertragsklasse III gesichert unter dem Sortenmittel, während bei Ertragsklasse II die Sortendifferenzen gegenüber dem Mittel nicht gesichert sind. Ertragsklassen

Unbrauchbare, ungenaue und unsichere Versuchsergebnisse müssen von vornherein aus der weiteren Verarbeitung ausgeschieden werden. Vorsicht ist vor allem bei der Auswertung einjähriger Versuche geboten, da sie nur für die Vegetationsbedingungen des einen Jahres gelten. Einjährige Ergebnisse sind deshalb nur mit dieser Einschränkung zu veröffentlichen. Die Angaben sollen dabei nicht absolute, sondern nur relative Ertragszahlen enthalten und die allgemeine Tendenz zeigen. Endgültige Schlußfolgerungen dürfen nur aus mehrjährigen Versuchen gezogen werden, weil hierbei der Einfluß der Jahreswitterung bei der Beurteilung Berücksichtigung findet. Einfluß der Jahreswitterung

Der Hauptwert der Versuche in der Praxis liegt darin, daß der Versuchsansteller die Entwicklung der einzelnen Varianten während der ganzen Vegetationszeit beobachten kann. Vor allem die Klubs junger Agronomen besitzen dadurch wertvolles Anschauungsmaterial. Aber auch die Brigadiere, Agronomen, Betriebsleiter und die werktätigen Bauern selbst können sich so viel besser ein Urteil über die geprüfte Versuchsfrage und den Wert für den eigenen Betrieb bilden. Durch Besichtigungen im Rahmen von Flurbegehungen sollen die Versuche einem möglichst großen Kreis von Praktikern demonstriert werden. Dadurch läßt sich die Praxis mit neuen Maßnahmen zur Steigerung der Erträge schneller vertraut machen; denn das Vegetationsbild wirkt oft viel anschaulicher als die Ertragszahlen. Beobachten der Versuche — Besichtigungen

Alle von den Instituten für Landwirtschaftliches Versuchs- und Untersuchungswesen durchgeführten Versuche werden im Rahmen der Sektion 10 der Deutschen Akademie der Landwirtschaftswissenschaften zu Berlin zentral ausgewertet. Zur Beurteilung einer Versuchsfrage dient also eine große Zahl von Einzelversuchen, und die Auswertung der Versuchsserien kann unter Berücksichtigung der verschiedenen Boden- und Klimaverhältnisse erfolgen. Die Resultate kommen ständig in der „Zeitschrift für landwirtschaftliches Versuchs- und Untersuchungswesen" zur Veröffentlichung und sind so allen interessierten Kreisen der Landwirtschaft zugänglich. Zentrale Auswertung — Veröffentlichungen

Abgeschlossene Ergebnisse werden der Praxis in den landwirtschaftlichen Fachzeitschriften („Die Deutsche Landwirtschaft", „Mitschurin-Bewegung") sowie in den Wochen- und Tageszeitungen übermittelt.

Weiterhin werden die Ergebnisse der Feldversuche den zuständigen Abteilungen der Verwaltungen zur Verfügung gestellt, die dadurch wertvolles Material für die Anbauplanung, die Lenkung der Saatguterzeugung die Düngemittelversorgung u. a. erhalten.

Versuchsberichte

Als sehr geeignet für die Verbreitung der durch die Versuchsarbeit gewonnenen Erfahrungen hat sich die Herausgabe von Versuchsberichten bewährt. Neben den zentralen Auswertungen der Akademie sollten vor allem auch Berichte für den Bereich der Institute oder der Versuchsleiterbezirke nach Vorliegen von mehrjährigen Versuchsreihen zusammengestellt werden. Dadurch erfahren die Versuchsansteller auf kürzestem Wege das Ergebnis ihrer eigenen Versuche und derjenigen aus ihrem engeren Bereich.

Vortragstätigkeit

Noch wirksamer als das gedruckte ist das gesprochene Wort für die Übertragung von wissenschaftlichen Erkenntnissen und Versuchsergebnissen in die Praxis. Deshalb wird die Vortragstätigkeit auf dem Lande besonders gefördert. In jedem Institut für Landwirtschaftliches Versuchs- und Untersuchungswesen wurde ein hauptamtlicher Referent für Vortragswesen eingesetzt. Er hat die Aufgabe, alle Vorträge auf dem Lande zu koordinieren und den Einsatz der Referenten zu lenken. Versuchsleiter und Wissenschaftler aus allen Akademie- und Hochschulinstituten übermitteln hier ihre Erfahrungen und Erkenntnisse. In regen Aussprachen kommen dabei auch die Praktiker zu Wort, so daß eine enge Zusammenarbeit und ein gegenseitiger Erfahrungsaustausch zwischen Wissenschaft und Praxis hergestellt wird.

Anhang

Erläuterungen zu den Tabellen:

Tabelle a

nach MUDRA [6]

Quadrate der Zahlen 1 bis 1000

Die Quadrate der Zahlen 1—99 stehen in der Spalte n^2, die Quadrate dreistelliger Zahlen in den nächsten Spalten. Das Quadrat von 326 beispielsweise ist in der Spalte für 300 und in der Zeile für 26 zu finden und ist 106276. Ist die Grundzahl keine ganze Zahl, so beträgt beim Quadrat die Stellenzahl hinter dem Komma das Doppelte wie bei der Grundzahl (z.B. $3{,}26^2 = 10{,}6276$).

Die Quadratwurzeln der Zahlen 1—99 können direkt aus der Spalte $\sqrt{n}$ abgelesen werden. Die Wurzel einer drei- bis sechsstelligen Zahl wird folgendermaßen aufgesucht: Man verfährt zunächst wie beim Radizieren und stellt die erste Ziffer der Wurzel fest. Diese Zahl mit 100 multipliziert entspricht der Zahl im Spaltenkopf. Man sucht dann die zu radizierende Zahl (oder die Zahl, die dieser am nächsten kommt) in der betreffenden Spalte und setzt zu der ersten Wurzelzahl die in der betreffenden Zeile stehende Zahl aus der ersten Spalte (n) hinzu.

Wird z.B. die Wurzel aus 11,4836 gesucht, so ist die erste Ziffer $\sqrt{11} = 3$. In der Spalte 300 sucht man die Zahl 114836. Der am nächsten kommende Wert ist 114921. In der ersten Spalte dieser Zeile steht die Zahl 39. Die Wurzel aus 11,4836 ist demnach auf 3 Stellen aufgerundet 3,39.

Tabelle b

nach MUDRA [6]

P-Werte in %

Die in der Regel 3-stellig errechneten t-Werte sind auf 2 Stellen aufzurunden. Der zu einem t-Wert gehörende P-Wert ist dann in der Spalte der entsprechenden *FG* aufzusuchen. Die Zahl der *FG* ist nur bis zu 10 *FG* fortlaufend angegeben. Bei höheren *FG* ist die Spalte zu nehmen, die der gegebenen Zahl der *FG* am nächsten kommt. Eine Interpolation ist schwierig und lohnt für praktische Zwecke nicht.

Tabelle c

nach MUDRA [6]

t-Werte für $P = 5\%$, 1% und $0{,}1\%$

Für nicht angegebenen *FG* sind die Werte aus den Spalten der am nächsten liegenden *FG* zu entnehmen.

a) Quadrate der Zahlen von 0 bis 1000 und

n	$\sqrt{n}$	n^2	$(100+n)^2$	$(200+n)^2$	$(300+n)^2$	$(400+n)^2$
0	0	0	10 000	40 000	90 000	160 000
1	1,0000	1	10 201	40 401	90 601	160 801
2	1,4142	4	10 404	40 804	91 204	161 604
3	1,7321	9	10 609	41 209	91 809	162 409
4	2,0000	16	10 816	41 616	92 416	163 216
5	2,2361	25	11 025	42 025	93 025	164 025
6	2,4495	36	11 236	42 436	93 636	164 836
7	2,6458	49	11 449	42 849	94 249	165 649
8	2,8284	64	11 664	43 264	94 864	166 464
9	3,0000	81	11 881	43 681	95 481	167 281
10	3,1623	100	12 100	44 100	96 100	168 100
11	3,3166	121	12 321	44 521	96 721	168 921
12	3,4641	144	12 544	44 944	97 344	169 744
13	3,6056	169	12 769	45 369	97 969	170 569
14	3,7417	196	12 996	45 796	98 596	171 396
15	3,8730	225	13 225	46 225	99 225	172 225
16	4,0000	256	13 456	46 656	99 856	173 056
17	4,1231	289	13 689	47 089	100 489	173 889
18	4,2426	324	13 924	47 524	101 124	174 724
19	4,3589	361	14 161	47 961	101 761	175 561
20	4,4721	400	14 400	48 400	102 400	176 400
21	4,5826	441	14 641	48 841	103 041	177 241
22	4,6904	484	14 884	49 284	103 684	178 084
23	4,7958	529	15 129	49 729	104 329	178 929
24	4,8990	576	15 376	50 176	104 976	179 776
25	5,0000	625	15 625	50 625	105 625	180 625
26	5,0990	676	15 876	51 076	106 276	181 476
27	5,1962	729	16 129	51 529	106 929	182 329
28	5,2915	784	16 384	51 984	107 584	183 184
29	5,3852	841	16 641	52 441	108 241	184 041
30	5,4772	900	16 900	52 900	108 900	184 900
31	5,5678	961	17 161	53 361	109 561	185 761
32	5,6569	1024	17 424	53 824	110 224	186 624
33	5,7446	1089	17 689	54 289	110 889	187 489
34	5,8310	1156	17 956	54 756	111 556	188 356
35	5,9161	1225	18 225	55 225	112 225	189 225
36	6,0000	1296	18 496	55 696	112 896	190 096
37	6,0828	1369	18 769	56 169	113 569	190 969
38	6,1644	1444	19 044	56 644	114 244	191 844
39	6,2450	1521	19 321	57 121	114 921	192 721
40	6,3246	1600	19 600	57 600	115 600	193 600
41	6,4031	1681	19 881	58 081	116 281	194 481
42	6,4807	1764	20 164	58 564	116 964	195 364
43	6,5574	1849	20 449	59 049	117 649	196 249
44	6,6332	1936	20 736	59 536	118 336	197 136
45	6,7082	2025	21 025	60 025	119 025	198 025
46	6,7823	2116	21 316	60 516	119 716	198 916
47	6,8557	2209	21 609	61 009	120 409	199 809
48	6,9282	2304	21 904	61 504	121 104	200 704
49	7,0000	2401	22 201	62 001	121 801	201 601
50	7,0711	2500	22 500	62 500	122 500	202 500

Quadratwurzeln der Zahlen von 0 bis 100

$(500+n)^2$	$(600+n)^2$	$(700+n)^2$	$(800+n)^2$	$(900+n)^2$	n
250 000	360 000	490 000	640 000	810 000	0
251 001	361 201	491 401	641 601	811 801	1
252 004	362 404	492 804	643 204	813 604	2
253 009	363 609	494 209	644 809	815 409	3
254 016	364 816	495 616	646 416	817 216	4
255 025	366 025	497 025	648 025	819 025	5
256 036	367 236	498 436	649 636	820 836	6
257 049	368 449	499 849	651 249	822 649	7
258 064	369 664	501 264	652 864	824 464	8
259 081	370 881	502 681	654 481	826 281	9
260 100	372 100	504 100	656 100	828 100	10
261 121	373 321	505 521	657 721	829 921	11
262 144	374 544	506 944	659 344	831 744	12
263 169	375 769	508 369	660 969	833 569	13
264 196	376 996	509 796	662 596	835 396	14
265 225	378 225	511 225	664 225	837 225	15
266 256	379 456	512 656	665 856	839 056	16
267 289	380 689	514 089	667 489	840 889	17
268 324	381 924	515 524	669 124	842 724	18
269 361	383 161	516 961	670 761	844 561	19
270 400	384 400	518 400	672 400	846 400	20
271 441	385 641	519 841	674 041	848 241	21
272 484	386 884	521 284	675 684	850 084	22
273 529	388 129	522 729	677 329	851 929	23
274 576	389 376	524 176	678 976	853 776	24
275 625	390 625	525 625	680 625	855 625	25
276 676	391 876	527 076	682 276	857 476	26
277 729	393 129	528 529	683 929	859 329	27
278 784	394 384	529 984	685 584	861 184	28
279 841	395 641	531 441	687 241	863 041	29
280 900	396 900	532 900	688 900	864 900	30
281 961	398 161	534 361	690 561	866 761	31
283 024	399 424	535 824	692 224	868 624	32
284 089	400 689	537 289	693 889	870 489	33
285 156	401 956	538 756	695 556	872 356	34
286 225	403 225	540 225	697 225	874 225	35
287 296	404 496	541 696	698 896	876 096	36
288 369	405 769	543 169	700 569	877 969	37
289 444	407 044	544 644	702 244	879 844	38
290 521	408 321	546 121	703 921	881 721	39
291 600	409 600	547 600	705 600	883 600	40
292 681	410 881	549 081	707 281	885 481	41
293 764	412 164	550 564	708 964	887 364	42
294 849	413 449	552 049	710 649	889 249	43
295 936	414 736	553 536	712 336	891 136	44
297 025	416 025	555 025	714 025	893 025	45
298 116	417 316	556 516	715 716	894 916	46
299 209	418 609	558 009	717 409	896 809	47
300 304	419 904	559 504	719 104	898 704	48
301 401	421 201	561 001	720 801	900 601	49
302 500	422 500	562 500	722 500	902 500	50

a) Quadrate der Zahlen von 0 bis 1000 und

n	$\sqrt{n}$	n^2	$(100+n)^2$	$(200+n)^2$	$(300+n)^2$	$(400+n)^2$
51	7,1414	2 601	22 801	63 001	123 201	203 401
52	7,2111	2 704	23 104	63 504	123 904	204 304
53	7,2801	2 809	23 409	64 009	124 609	205 209
54	7,3485	2 916	23 716	64 516	125 316	206 116
55	7,4162	3 025	24 025	65 025	126 025	207 025
56	7,4833	3 136	24 336	65 536	126 736	207 936
57	7,5498	3 249	24 649	66 049	127 449	208 849
58	7,6158	3 364	24 964	66 564	128 164	209 764
59	7,6811	3 481	25 281	67 081	128 881	210 681
60	7,7460	3 600	25 600	67 600	129 600	211 600
61	7,8102	3 721	25 921	68 121	130 321	212 521
62	7,8740	3 844	26 244	68 644	131 044	213 444
63	7,9373	3 969	26 569	69 169	131 769	214 369
64	8,0000	4 096	26 896	69 696	132 496	215 296
65	8,0623	4 225	27 225	70 225	133 225	216 225
66	8,1240	4 356	27 556	70 756	133 956	217 156
67	8,1854	4 489	27 889	71 289	134 689	218 089
68	8,2462	4 624	28 224	71 824	135 424	219 024
69	8,3066	4 761	28 561	72 361	136 161	219 961
70	8,3666	4 900	28 900	72 900	136 900	220 900
71	8,4261	5 041	29 241	73 441	137 641	221 841
72	8,4853	5 184	29 584	73 984	138 384	222 784
73	8,5440	5 329	29 929	74 529	139 129	223 729
74	8,6023	5 476	30 276	75 076	139 876	224 676
75	8,6603	5 625	30 625	75 625	140 625	225 625
76	8,7178	5 776	30 976	76 176	141 376	226 576
77	8,7750	5 929	31 329	76 729	142 129	227 529
78	8,8318	6 084	31 684	77 284	142 884	228 484
79	8,8882	6 241	32 041	77 841	143 641	229 441
80	8,9443	6 400	32 400	78 400	144 400	230 400
81	9,0000	6 561	32 761	78 961	145 161	231 361
82	9,0554	6 724	33 124	79 524	145 924	232 324
83	9,1104	6 889	33 489	80 089	146 689	233 289
84	9,1652	7 056	33 856	80 656	147 456	234 256
85	9,2195	7 225	34 225	81 225	148 225	235 225
86	9,2736	7 396	34 596	81 796	148 996	236 196
87	9,3274	7 569	34 969	82 369	149 769	237 169
88	9,3808	7 744	35 344	82 944	150 544	238 144
89	9,4340	7 921	35 721	83 521	151 321	239 121
90	9,4868	8 100	36 100	84 100	152 100	240 100
91	9,5394	8 281	36 481	84 681	152 881	241 081
92	9,5917	8 464	36 864	85 264	153 664	242 064
93	9,6437	8 649	37 249	85 849	154 449	243 049
94	9,6954	8 836	37 636	86 436	155 236	244 036
95	9,7468	9 025	38 025	87 025	156 025	245 025
96	9,7980	9 216	38 416	87 616	156 816	246 016
97	9,8489	9 409	38 809	88 209	157 609	247 009
98	9,8995	9 604	39 204	88 804	158 404	248 004
99	9,9499	9 801	39 601	89 401	159 201	249 001
100	10,0000	10 000	40 000	90 000	160 000	250 000

Quadratwurzeln der Zahlen von 0 bis 100 (Fortsetzung)

$(500+n)^2$	$(600+n)^2$	$(700+n)^2$	$(800+n)^2$	$(900+n)^2$	n
303 601	423 801	564 001	724 201	904 401	51
304 704	425 104	565 504	725 904	906 304	52
305 809	426 409	567 009	727 609	908 209	53
306 916	427 716	568 516	729 316	910 116	54
308 025	429 025	570 025	731 025	912 025	55
309 136	430 336	571 536	732 736	913 936	56
310 249	431 649	573 049	734 449	915 849	57
311 364	432 964	574 564	736 164	917 764	58
312 481	434 281	576 081	737 881	919 681	59
313 600	435 600	577 600	739 600	921 600	60
314 721	436 921	579 121	741 321	923 521	61
315 844	438 244	580 644	743 044	925 444	62
316 969	439 569	582 169	744 769	927 369	63
318 096	440 896	583 696	746 496	929 296	64
319 225	442 225	585 225	748 225	931 225	65
320 356	443 556	586 756	749 956	933 156	66
321 489	444 889	588 289	751 689	935 089	67
322 624	446 224	589 824	753 424	937 024	68
323 761	447 561	591 361	755 161	938 961	69
324 900	448 900	592 900	756 900	940 900	70
326 041	450 241	594 441	758 641	942 841	71
327 184	451 584	595 984	760 384	944 784	72
328 329	452 929	597 529	762 129	946 729	73
329 476	454 276	599 076	763 876	948 676	74
330 625	455 625	600 625	765 625	950 625	75
331 776	456 976	602 176	767 376	952 576	76
332 929	458 329	603 729	769 129	954 529	77
334 084	459 684	605 284	770 884	956 484	78
335 241	461 041	606 841	772 641	958 441	79
336 400	462 400	608 400	774 400	960 400	80
337 561	463 761	609 961	776 161	962 361	81
338 724	465 124	611 524	777 924	964 324	82
339 889	466 489	613 089	779 689	966 289	83
341 056	467 856	614 656	781 456	968 256	84
342 225	469 225	616 225	783 225	970 225	85
343 396	470 596	617 796	784 996	972 196	86
344 569	471 969	619 369	786 769	974 169	87
345 744	473 344	620 944	788 544	976 144	88
346 921	474 721	622 521	790 321	978 121	89
348 100	476 100	624 100	792 100	980 100	90
349 281	477 481	625 681	793 881	982 081	91
350 464	478 864	627 264	795 664	984 064	92
351 649	480 249	628 849	797 449	986 049	93
352 836	481 636	630 436	799 236	988 036	94
354 025	483 025	632 025	801 025	990 025	95
355 216	484 416	633 616	802 816	992 016	96
356 409	485 809	635 209	804 609	994 009	97
357 604	487 204	636 804	806 404	996 004	98
358 801	488 601	638 401	808 201	998 001	99
360 000	490 000	640 000	810 000	1000 000	100

Tabelle b) P-Werte in %

t	Freiheitsgrade 3	4	5	6	7	8	9	10	12	15	20	30	50	∞	t
0,2	85,5	85,1	84,9	84,7	84,1	84,1	84,1	84,1	84,1	84,1	84,1	84,1	84,1	84,1	0,2
0,4	71,6	71,1	70,8	70,6	70,4	70,2	70,0	69,8	69,6	69,4	69,2	69,0	68,9	68,8	0,4
0,6	59,2	58,2	57,5	57,0	56,8	56,6	56,4	56,2	56,0	55,8	55,6	55,4	55,2	55,0	0,6
0,8	48,2	47,0	46,0	45,3	44,9	44,6	44,3	44,1	43,7	43,4	43,1	42,8	42,6	42,4	0,8
1,0	39,2	37,5	36,2	35,5	35,0	34,7	34,4	34,1	33,6	33,3	33,0	32,4	31,9	31,7	1,0
1,2	31,7	29,7	28,3	27,7	27,0	26,4	25,9	25,8	25,1	24,8	24,5	23,9	23,4	23,0	1,2
1,4	25,7	23,3	22,0	21,1	20,4	19,9	19,5	19,1	18,5	18,1	17,7	17,1	16,5	16,0	1,4
1,6	20,8	18,5	17,0	16,0	15,3	14,8	14,4	14,0	13,4	12,9	12,5	11,9	11,4	11,0	1,6
1,8	17,0	14,7	13,2	12,2	11,5	10,9	10,5	10,2	9,5	9,1	8,7	8,1	7,6	7,2	1,8
2,0	13,9	11,6	10,2	9,3	8,5	8,0	7,7	7,3	6,8	6,4	6,0	5,4	4,9	4,5	2,0
2,1	12,7	10,4	9,0	8,0	7,4	6,9	6,6	6,3	5,8	5,3	4,9	4,4	4,0	3,6	2,1
2,2	11,5	9,3	8,0	7,0	6,4	6,0	5,6	5,3	4,8	4,4	4,0	3,6	3,2	2,8	2,2
2,3	10,5	8,3	7,0	6,1	5,5	5,1	4,7	4,4	4,1	3,6	3,2	2,9	2,5	2,1	2,3
2,4	9,6	7,4	6,2	5,3	4,7	4,3	4,0	3,7	3,4	3,0	2,6	2,3	2,0	1,6	2,4
2,5	8,8	6,7	5,4	4,6	4,1	3,7	3,4	3,1	2,8	2,5	2,1	1,8	1,6	1,2	2,5
2,6	8,0	6,0	4,8	4,1	3,5	3,2	2,9	2,7	2,4	2,0	1,7	1,4	1,23	0,93	2,6
2,7	7,4	5,4	4,3	3,6	3,1	2,7	2,5	2,3	2,0	1,7	1,4	1,1	0,98	0,70	2,7
2,8	6,8	4,9	3,8	3,1	2,6	2,3	2,1	1,9	1,6	1,4	1,1	0,90	0,74	0,52	2,8
2,9	6,3	4,4	3,4	2,7	2,3	2,0	1,8	1,6	1,3	1,1	0,89	0,70	0,57	0,38	2,9
3,0	5,8	4,0	3,0	2,4	2,0	1,7	1,5	1,33	1,10	0,91	0,71	0,55	0,43	0,27	3,0
3,1	5,4	3,6	2,7	2,12	1,70	1,45	1,25	1,12	0,93	0,75	0,57	0,43	0,33	0,20	3,1
3,2	5,0	3,3	2,4	1,86	1,50	1,25	1,08	0,97	0,78	0,60	0,45	0,33	0,25	0,14	3,2
3,3	4,6	3,1	2,2	1,65	1,30	1,08	0,93	0,82	0,65	0,50	0,36	0,26	0,18	0,10	3,3
3,4	4,3	2,75	2,00	1,45	1,13	0,95	0,79	0,70	0,53	0,40	0,28	0,20	0,14	<0,10	3,4
3,5	4,0	2,50	1,80	1,28	1,00	0,80	0,69	0,58	0,44	0,32	0,22	0,15	0,10		3,5
3,6	3,7	2,30	1,60	1,13	0,87	0,70	0,59	0,50	0,37	0,26	0,18	0,12	<0,10		3,6
3,7	3,4	2,10	1,40	1,01	0,77	0,61	0,50	0,43	0,30	0,21	0,15	<0,10			3,7
3,8	3,2	1,92	1,27	0,90	0,68	0,53	0,43	0,36	0,26	0,17	0,12				3,8
3,9	3,0	1,75	1,15	0,79	0,60	0,46	0,37	0,30	0,21	0,14	<0,10				3,9
4,0	2,8	1,62	1,05	0,71	0,52	0,39	0,31	0,26	0,18	0,12					4,0
4,2	2,45	1,35	0,84	0,57	0,40	0,29	0,23	0,18	0,13	<0,10					4,2
4,4	2,15	1,15	0,70	0,45	0,31	0,22	0,17	0,14	<0,10						4,4
4,6	1,91	1,00	0,59	0,36	0,24	0,17	0,13	0,11							4,6
4,8	1,70	0,86	0,49	0,29	0,19	0,13	<0,10	<0,10							4,8
5,0	1,52	0,75	0,42	0,24	0,15	0,11									5,0
5,2	1,37	0,66	0,34	0,20	0,12	<0,10									5,2
5,4	1,23	0,58	0,29	0,17	0,10										5,4
5,6	1,11	0,50	0,25	0,14	<0,10										5,6
5,8	1,01	0,44	0,21	0,12											5,8
6,0	0,92	0,39	0,18	<0,10											6,0

c) t-Werte für $P = 5\%$, 1% und 0,1%

FG	P=5%	P=1%	P=0,1%	FG	P=5%	P=1%	P=0,1%
1	12,71	63,66	636,62	21	2,08	2,83	3,82
2	4,30	9,93	31,60	22	2,07	2,82	3,79
3	3,18	5,84	12,94	23	2,07	2,81	3,77
4	2,78	4,60	8,61	24	2,06	2,80	3,75
5	2,57	4,03	6,86	25	2,06	2,79	3,73
6	2,45	3,71	5,96	26	2,06	2,78	3,71
7	2,37	3,50	5,41	27	2,05	2,77	3,69
8	2,31	3,36	5,04	28	2,05	2,76	3,67
9	2,26	3,25	4,78	29	2,04	2,76	3,66
10	2,23	3,17	4,59	30	2,04	2,75	3,65
11	2,20	3,11	4,44	35	2,03	2,72	3,59
12	2,18	3,06	4,32	40	2,02	2,70	3,55
13	2,16	3 01	4,22	45	2,01	2,69	3,52
14	2,15	2,98	4,14	50	2,01	2,68	3,49
15	2,13	2,95	4,07	60	2,00	2,66	3,46
16	2,12	2,92	4,02	70	1,99	2,65	3,43
17	2,11	2,90	3,97	80	1,99	2,64	3,41
18	2,10	2,88	3,92	90	1,99	2,63	3,40
19	2,09	2,86	3,88	100	1,98	2,63	3,39
20	2,09	2,84	3,85	∞	1,96	2,58	3,29

LITERATURVERZEICHNIS

1. ATANASIU, N.: Die Auswertung der landwirtschaftlichen Feldversuche. Ztschr. f. Pflanzenzüchtg. 1951, 30, 112—121

2. Deutsche Demokratische Republik, Ministerium für Land- und Forstwirtschaft: Richtlinien für die Durchführung von Sortenversuchen, 1952, 166 S.

3. EGGEBRECHT, H.: Die Untersuchung von Saatgut. Handbuch der landwirtschaftlichen Versuchs- und Untersuchungsmethodik (Methodenbuch), herausgegeben von Dr. R. Herrmann. 1949, Band V, 114 S., Verlag Neumann-Neudamm, Hamburg

4. KLINKOWSKI, M.: Bäuerlich-gärtnerischer Pflanzenschutz (Sammelband). 1949, Verlag Karl P. Hoffmann, Zella/Rhön und Hünfeld

5. LEIN, A.: Zur Anlage und Auswertung von Sortenversuchen. Ztschr. f. Pflanzenzüchtg. 1949, 28, 113—143

6. MUDRA, A.: Einführung in die Methodik der Feldversuche. Landwirtschaftliche Wissenschaft, eine Lehrbuchreihe für Studium und Praxis, herausgegeben von Prof. Dr. K. Schmalfuß. 1954, Band IV, 178 S., S. Hirzel Verlag, Leipzig

7. ROEMER, TH.: Der Feldversuch. 1930, 245 S., Verlag Parey, Berlin

8. RÜTHER, H.: Die Feldversuchstechnik. 1952, 88 S., Deutscher Bauernverlag, Berlin

9. SCHLEUSENER, W. und H. SCHERZ: Ratgeber für Pflanzkartoffelerzeuger. Deutscher Zentralverlag G.m.b.H., Berlin

10. WIESSMANN, H. und K. NEHRING: Agrikulturchemisches Praktikum. 1951, 271 S., Verlag Parey, Berlin

FSC
www.fsc.org
MIX
Papier | Fördert
gute Waldnutzung
FSC® C083411

Zeitfracht Medien GmbH
Ferdinand-Jühlke-Straße 7
99095 Erfurt, Deutschland
produktsicherheit@kolibri360.de